高等教育BIM"十三五"规划教材

韩风毅　总主编

BIM建模基础

于春艳 ｜ 主编

刘玉杰　邵文明 ｜ 副主编

U0243942

化学工业出版社

·北京·

本教材共分为11章内容及附录，主要介绍BIM在工程实践中的应用；Revit软件的基本术语及基本操作方法；Revit族文件的使用及编辑；建筑模型的创建；建筑环境的创建；标注尺寸、注释和创建参数化模型；创建明细表；施工图纸的生成等内容。通过学习本教材，学生应具备能够对BIM建模环境进行设置的能力；掌握BIM实体编辑方法及技能、创建简单参数化模型的能力；掌握建筑模型的创建方法；了解建筑构件的属性定义及编辑方法；掌握创建设计图纸及明细表的方法；掌握模型文件管理与数据转换的技能。

本教材可以作为高等院校"BIM建模基础"课程的教材，也可作为建筑设计师、施工现场工程师、项目管理人员、物业管理人员的自学用书，还可用作社会培训机构培训教材。

图书在版编目（CIP）数据

BIM建模基础/于春艳主编. —北京：化学工业出版社，2017.11（2022.2重印）
高等教育BIM"十三五"规划教材
ISBN 978-7-122-30769-9

Ⅰ.①B… Ⅱ.①于… Ⅲ.①建筑制图-计算机辅助设计-应用软件-高等学校-教材 Ⅳ.①TU204

中国版本图书馆CIP数据核字（2017）第250703号

责任编辑：满悦芝　石　磊　　　　　　　　　加工编辑：吴开亮
责任校对：宋　夏　　　　　　　　　　　　　装帧设计：关　飞

出版发行：化学工业出版社（北京市东城区青年湖南街13号　邮政编码100011）
印　　装：涿州市殷润文化传播有限公司
787mm×1092mm　1/16　印张17¼　字数389千字　2022年2月北京第1版第5次印刷

购书咨询：010-64518888　　　售后服务：010-64518899
网　　址：http://www.cip.com.cn
凡购买本书，如有缺损质量问题，本社销售中心负责调换。

定　　价：49.00元　　　　　　　　　　　　　　　　版权所有　违者必究

本书编写人员名单

主　　编　于春艳

副 主 编　刘玉杰　邵文明

编写人员　于春艳　刘玉杰　邵文明　满　羿　纪　花　李继刚

　　　　　　李智永　陈　光　张志俊　吕苏华

丛书序

2015年6月，住房与城乡建设部印发《关于推进建筑信息模型应用的指导意见》（以下简称《意见》），提出了发展目标：到2020年年底，建筑行业甲级勘察、设计单位以及特级、一级房屋建筑工程施工企业应掌握并实现BIM技术与企业管理系统和其他信息技术的一体化集成应用。以国有资金投资为主的大中型建筑以及申报绿色建筑的公共建筑和绿色生态示范小区新立项项目勘察设计、施工、运营维护中，集成应用BIM的项目比例达到90%。《意见》强调BIM的全过程应用，指出要聚焦于工程项目全生命期内的经济、社会和环境效益，在规划、勘察、设计、施工、运营维护全过程普及和深化BIM应用，提高工程项目全生命期各参与方的工作质量和效率，并在此基础上，针对建设单位、勘察单位、规划和设计单位、施工企业和工程总承包企业以及运营维护单位的特点，分别提出BIM应用要点。要求有关单位和企业要根据实际需求制订BIM应用发展规划、分阶段目标和实施方案，研究覆盖BIM创建、更新、交换、应用和交付全过程的BIM应用流程与工作模式，通过科研合作、技术培训、人才引进等方式，推动相关人员掌握BIM应用技能，全面提升BIM应用能力。

本套系列教材按照学科专业应用规划了6个分册，分别是：《BIM建模基础》《建筑设计BIM应用与实践》《结构设计BIM应用与实践》《机电设计BIM应用与实践》《工程造价BIM应用与实践》《基于BIM的施工项目管理》。系列教材的编写满足了普通高等学校土木工程、地下城市空间、建筑学、城市规划、建筑环境与能源应用工程、建筑电气与智能化工程、给水排水科学与工程、工程造价和工程管理等专业教学需求，力求综合运用有关学科的基本理论和知识，以解决工程施工的实践问题。参加教材编写的院校有：长春工程学院、吉林农业科技学院、辽宁建筑职业学院、吉林建筑大学城建学院。为响应教育部关于校企合作共同开发课程的精神，特别邀请吉林省城乡规划设计研究院、吉林土木风建筑工程设计有限公司、上海鲁班软件股份有限公司三家企业的高级工程师参与本套系列教材的编写工作，增加了BIM工程实用案例。当前，国内各大院校已经加大力度建设BIM实验室和实训基地，顺应了新形势下企业BIM技术应用以及对BIM人才的需求。希望本套教材能够帮助相关高校早日培养出大批更加适应社会经济发展的BIM专业人才，全面提升学校人才培养的核心竞争力。

在教材使用过程中，院校应根据自己学校的BIM发展策略确定课时，无统一要求，走出自己特色的BIM教育之路，让BIM教育融于专业课程建设中，进行跨学科跨专业联合培养人才，利用BIM提高学生协同设计能力，培养学生解决复杂工程能力，真正发挥BIM的优势，为社会经济发展服务。

韩凤毅

2017年11月于长春

前　言

随着我国经济的稳步发展，建筑业成为具有巨大影响力和活力的行业，这就需要建筑从业人员提高自身的专业素质和职业技能。近年来，BIM 技术在工程建设行业的应用越来越广泛，国内很多设计单位、施工单位、建设单位都在积极推广 BIM 技术在企业中的应用，都在利用基于模型的设计和施工方法及建筑信息模型来改进原有的工作方式，从而提高工作效率，最大限度地降低设计和施工流程的成本。目前在建或已建成的各种形态的建筑或多或少都有 BIM 相关软件的设计辅助。在各种 BIM 软件中，Revit 作为基础建模软件，使用得最为广泛。

Autodesk 公司的 Revit 是一款三维参数化建筑设计软件，是有效创建建筑信息化模型的设计工具。Revit 打破了传统的二维设计中平面、立面、剖面等视图各自独立互不相关的协作模式，以三维设计为基础理念，直接采用建筑师熟悉的墙体、门窗、楼板、楼梯、屋顶等构件作为命令对象，快速创建出项目的三维虚拟 BIM 建筑模型，而且在创建三维建筑信息模型的同时自动生成所有的平面、立面、剖面和明细表等视图，从而节省了大量的绘制和处理图纸的时间，让建筑师的精力放在设计上而不是在绘图上。

本书是指导初学者学习 Revit 中文版绘图软件的参考教材，书中详细地介绍了 Revit 2014 的绘图功能及其应用技巧，使读者能够借助该教材，使用 Revit 软件方便快捷地绘制工程图样。本书分为 11 章，第 1 章 Revit 软件概述，第 2 章 Revit 的基本操作，第 3 章 族及内建模型，第 4 章 标高和轴网，第 5 章 墙体和幕墙，第 6 章 门和窗，第 7 章 楼板和屋顶，第 8 章 楼梯和坡道，第 9 章 柱和梁，第 10 章 场地与场地构件，第 11 章 图纸。

本教材由于春艳主编。具体分工如下：第 1 章、第 2 章、第 3 章由于春艳编写；第 4 章、第 5 章、第 6 章由刘玉杰编写；第 7 章、第 8 章、第 9 章由邵文明编写；第 10 章、第 11 章由满羿编写。

由于时间紧迫，加之编者水平有限，书中难免有不足之处，恳请读者不吝指正。

编　者

2017 年 11 月

目　录

绪　论

（1）学习《BIM 建模基础》的目的及意义

工程图学是研究工程图样的绘制、表达和阅读的一门应用学科。在历史发展的长河中，工程图学经历了手工绘图、二维计算机绘图到今天的 BIM 制图。随着科技的发展，绘图技术的更新换代，工程图样的精度越来越高、可读性越来越强。

我国是世界上的文明古国之一，人们在长期的生产实践中，在图示理论和制图方法的领域里，有着许多丰富的经验和辉煌的成就。

历代封建王朝，无不大兴土木，修筑宫殿、苑囿、陵寝。《史记》记载："秦每破诸侯，写放其宫室，作之咸阳北阪上。"这说明秦灭六国后曾派人摹绘各国宫室，仿照其样式建造于咸阳。古代的图样，由于不耐腐蚀，绝大多数已不存在了。由于我国在新中国成立前有一段较长时期处于半封建、半殖民地的状态，工农业发展滞缓，制图技术的发展也受到阻碍。中华人民共和国成立后，随着科学技术、工农业生产和工程建设的不断发展，在理论图学、应用图学、图学教育、制图技术、制图标准和计算机绘图等各方面，都逐步得到了发展。

特别值得重视的是：随着科学技术和生产建设的进展，制图工具和手段也正在进行根本性的变革。尤其是随着计算机科学技术的不断发展，工程制图进入了以手工绘制向计算机自动化绘图的变革时期，形成了手工绘图到 CAD 绘图再到 BIM 绘图的学习、训练和应用模式。

BIM（Building Information Modeling），中文名称是"建筑信息模型"，由 Autodesk 公司在 2002 年率先提出，现已在全球范围内得到业界的广泛认可，被誉为工程建设行业实现可持续设计的标杆。BIM 是以三维数字技术为基础，继承了建筑工程项目中各种相关信息的工程数据模型，可以为设计和施工提供相协调的、内部保持一致的并可运算的信息。简单来说，BIM 通过计算机建立三维模型，并在模型中存储了设计师所需要的所有信息，例如平面、立面和剖面图纸，统计表格，文字说明和工程清单等；且这些信息全部根据模型自动生成，并与模型实时关联。

BIM 建模基础课程，主要讲授 Revit 软件的基本操作方法。Revit 专业的建筑设计功能打破了传统的二维设计中平、立、剖视图各自独立互不相关的协作模式。它以三维设计为基础理念，直接采用建筑师熟悉的墙体、门窗、楼板、屋顶等构件作为命令对象，快速创建出项目的三维虚拟 BIM 建筑模型。这一技术，由于去除了空间与平面的转换过程，无论是对于工程图学的学习者还是使用者，都提供了极大的便利条件。

（2）本教材的主要任务

① 什么是 BIM？BIM 在工程实践中的应用。

② Revit 软件的基本术语及基本操作方法。

③ Revit 族文件的使用及编辑。

④ 建筑模型的创建。

⑤ 建筑环境的创建。

⑥ 标注尺寸、注释和创建参数化模型。

⑦ 创建明细表。

⑧ 施工图纸的生成。

（3）本教材对学生能力的培养

① 能够对 BIM 建模环境进行设置。

② 掌握 BIM 实体编辑方法及技能，创建简单参数化模型。

③ 掌握 BIM 的参数化建筑模型的创建方法。

④ 了解建筑构件的属性定义及编辑。

⑤ 掌握创建设计图纸及明细表的方法。

⑥ 掌握模型文件管理与数据转换技能。

（4）本教材的特点

① "BIM 建模基础"课程是在尺规制图、AutoCAD 制图课程之后开设的拓展课程，因此，学生已经掌握了制图的基本知识及国家标准对于工程图的基本规定，具备了一定的计算机操作能力。书中涉及的一些制图标准、计算机的基本操作等，均简单介绍。

② 教材的内容按照制图的体系展开，各个知识点分散在建筑模型的构建过程中，针对每个建筑构件都是从设置类型、创建、编辑模型三个方面进行介绍。

③ 各个知识点的讲解都是通过实例操作进行说明，且操作例题简单，可按照教材的顺序进行学习，也可单独进行某一章的学习。

④ 教材中的术语，尽量采用软件中的"文字"，有些语法不太通顺的地方，请大家参照计算机页面的显示进行验证。

（5）本教材的学习方法

① 对计算机任何软件的学习，都离不开实践操作，所以在学习过程中，要注重实操训练。为了便于大家学习和训练。在教材后面附录 1 中，准备了 3 套别墅建筑的施工图纸。

第一套图纸主要针对于创建建筑模型的基本操作和图纸的生成，如：创建标高和轴网、创建建筑的主体图元（墙、柱、楼板、屋顶等）、创建建筑模型构件（门、窗、楼梯、栏杆等）；生成图纸（包括创建剖面、明细表等内容）。

第二套图纸主要练习各种建筑构件的属性设置、尺寸标注、注释符号标注等内容。

第三套图纸主要练习内建模型、族文件的使用，导出 CAD 格式文件的方法等内容。

② 学以致用才能收到良好的学习效果。建议大家在学习过程中，能够结合课程设计、毕业设计等题目进行训练。

③ 关注互联网推广的学习资源。在互联网上有很多实例教程，通过观看视频文件，借鉴他人建模的方法和技巧，有利于消化理解课程上老师教授的内容。

④ 针对各种职业资格考试题目进行训练。目前我国 BIM 在建筑行业的应用还刚刚起步，市场需要大量的能够使用 BIM 进行工程设计和管理的人才。由教育部、工信部、图学会和住建部等部门颁发的 BIM 等级证书具有较高的使用价值。

第1章
Revit软件概述

1.1 Revit 简介

(1) BIM 概述

BIM（Building Information Modeling），中文意思为建筑信息模型。建筑信息模型是以建筑工程项目的各项相关信息数据作为模型的基础，进行建筑模型的建立，通过数字信息仿真模拟建筑物所具有的真实信息。它具有可视化、协调性、模拟性、优化性和可出图性五大特点。

(2) Revit 软件的应用

Revit 是依据建筑信息模型（Building Information Modeling）而设计的软件，包括建筑、结构及设备等相关专业的功能模块，它是 BIM 技术从理论到实践的一个桥梁，为建筑工程行业提供 BIM 解决方案。Revit 可以通过参数驱动模型即时呈现建筑师和工程师的设计；通过协调工作减少各专业之间的协调错误；通过模型分析支持节能设计和碰撞检查；通过自动更新所有变更，减少整个项目的设计损失。

1.2 Revit 的基本术语

1.2.1 项目

Revit 中，项目是单个设计信息数据库模型。项目文件包含了建筑的所有模型信息和其他工程信息（从几何图形到构造数据）。这些信息包括用于设计模型的构件、项目视图和设计图纸等，且所有这些信息之间保持了关联关系，设计师可以轻松地修改设计，并使修改同时反映在所有关联区域（如三维视图、平面视图、立面视图、剖面视图、明细表等）中。

1.2.2 图元

Revit 包含模型图元、基准图元、视图专有图元，三种图元之间的关系及包含内容如图 1-1 所示。

(1) 模型图元

模型图元代表建筑的实际三维几何图形，包括：

① 主体　如墙、楼板、屋顶、天花板等。

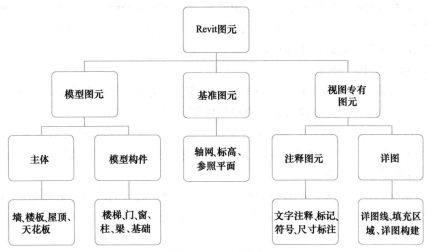

图 1-1 Revit 图元

② 模型构件 如楼梯、门、窗、柱、梁基础等。

(2) 基准图元

基准图元用于协助定义项目范围包括：

① 轴网 有限平面，可以在立面视图中拖拽其范围，使其不与标高线相交。轴网可以是直线，也可以是弧线。

② 标高 无限水平平面，用作屋顶、楼板和天花板等以层为主体的图元的参照。大多用于定义建筑内的垂直高度或楼层。要放置标高，必须处于剖面或立面视图中。

③ 参照平面 是精确定位、绘制轮廓线等的重要辅助工具。参照平面有二维参照平面及三维参照平面，对于族的创建非常重要，在项目中，参照平面可在各楼层平面中定义，在三维视图中不显示。

(3) 视图专有图元

视图专有图元是对模型图元进行描述或归档，只显示在放置这些图元的视图中，包括：

① 注释图元 文字注释、标记、符号、尺寸标注等。

② 详图 详图线、填充区域、详图的构建等。

Revit 图元的最大特点是参数化。参数化是 Revit 实现协调、修改和管理功能的基础。Revit 图元可以由用户直接创建或者修改，无须进行编程。

1.2.3 类别

类别是用于对设计建模或归档的一组图元。模型图元的类别包括墙、门窗、楼梯等，注释图元的类别包括标记和文字注释等。

1.2.4 族

族是组成项目的构件，同时也是参数信息的载体。族根据参数（属性）集的共用性、使用方式的相同性和图形表示的相似性来对图元进行分组。一个族中不同图元的部分或全部属性可能有不同的值，但是属性的设置（名称与含义）相同。例如，"餐桌"作为一个族可以有不同的尺寸和材质，但其属性相同。

Revit 包含以下三种族。

① 可载入族　使用族样板在项目外创建的 RFA 文件，可以载入到项目中，具有高度可自定义的特征，因此可载入族是用户经常创建和修改的族。

② 系统族　已经在项目中预定义并只能在项目中进行创建和修改的族类型（如墙、楼板、天花板等）。它们不能作为外部文件载入或创建，但可以在项目和样板之间复制和粘贴或者传递系统族类型。

③ 内建族　在当前项目中新建的族，它与"可载入族"的不同之处在于："内建族"只能存储在当前的项目文件里，不能单独存成 RFA 文件，也不能在别的项目文件中使用。

1.2.5　类型

类型用于表示同一族的不同参数（属性）值。族可以有多个类型，如某个窗族"双扇平开-带贴面.rfa"包含"900mm×1200mm""1200mm×1200mm"（宽×高）两个不同类型，以窗为例，类别、族、类型之间的关系如图 1-2。

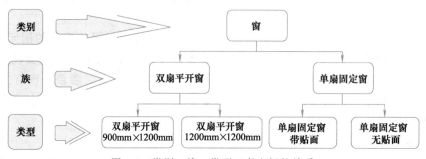

图 1-2　类别、族、类型三者之间的关系

1.2.6　实例

实例是放置在项目中的实际项（单个图元）。在建筑（模型实例）或图纸（注释实例）中都有特定的位置。

1.3　Revit 的操作界面

双击桌面Revit 软件快捷图标，系统打开如图 1-3 所示界面。

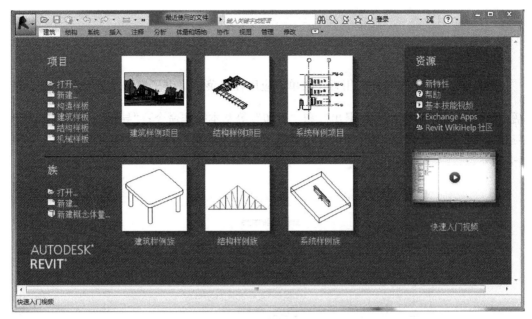

图 1-3 启动界面

单击启动界面中最近使用的项目文件，或者单击"项目"选项组中"新建"按钮，然后选择一样板文件，单击"确定"按钮，进入 Revit 操作界面，如图 1-4 所示。

Revit 操作界面主要由应用程序菜单、快速访问工具栏、选项卡、功能区、上下文选项卡、选项栏、属性面板、项目浏览器、状态栏、视图控制栏、绘图区域等组成。

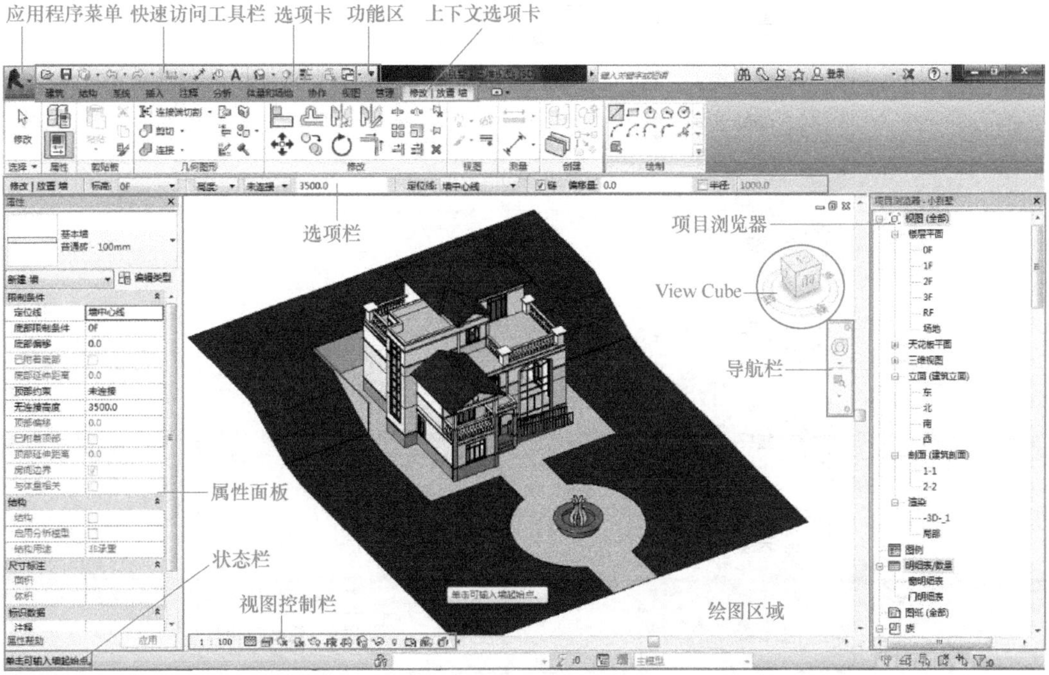

应用程序菜单 快速访问工具栏 选项卡 功能区 上下文选项卡

图 1-4 Revit 操作界面

1.3.1 应用程序菜单

单击 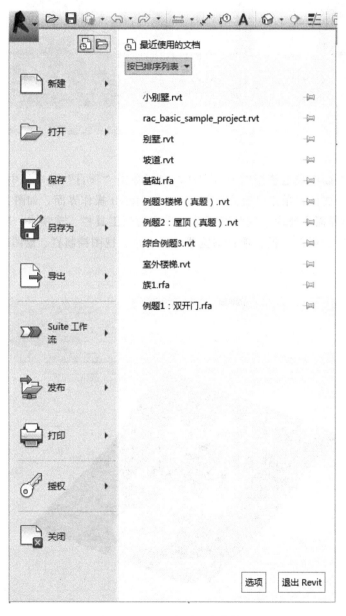 按钮可打开应用程序菜单，应用程序菜单提供了常用文件操作命令，包括"新建""打开""保存""退出"和"打印"等基本操作命令；"导出"和"发布"等与外部软件链接的高级工具；对 Revit 的工作环境参数进行设置的"选项"命令，如图 1-5 所示。

图 1-5　Revit 应用程序菜单

Revit 的文件类型有"rte"（模板）、"rvt"（项目）、"rft"（族模板）和"rfa"（族）四种。

"rte"（模板）文件和"rvt"（项目）文件的区别：模板用于开启新项目，当点击"保存"时，无法覆盖原模板文件，而是需要输入一个新文件名或新位置；"rte"（模板）文件不能直接存为"rvt"（项目）文件，但可以将"rvt"（项目）文件另存为"rte"（模板）文件。

rfa（族）文件和 rft（族模板）文件可以被加载到项目中或保存在项目外。族模板用于创建新的族，族文件通常用于不同项目之间的交换。

(1) 新建

在应用程序菜单中单击 [新建] 按钮右侧的三角符号，弹出"创建一个 Revit 文件"命令列表，如图 1-6 所示。可根据需要选择创建项目、族、概念体量、标题栏、注释符号等。

图 1-6　创建新的 Revit 文件

如需采用指定的模板来创建项目文件，则需在新建项目对话框中，使用" [浏览(B)...] "按钮查找该样板文件的文件夹，如图 1-7 所示。

(2) 打开

在应用程序菜单中单击 [打开] 按钮右侧的三角符号，弹出"打开 Revit 兼容文件"命令列表，如图 1-8 所示，可以打开项目文件、族文件、Revit 文件等。利用打开命令还可以打开建筑构件及含有三维建筑物信息的 IFC 文件。

图 1-7　新建项目对话框　　　　　　　　　　图 1-8　打开文件

单击下方的""按钮,可打开系统提供的建筑、结构、系统等各专业的样例文件,其中包括项目文件及族文件,如图1-9所示。

图 1-9　打开系统自带样例

(3) 另存为

在应用程序菜单中单击"　　另存为　▸"按钮右侧的三角符号,弹出保存或另存为命令列表,如图1-10所示。

图 1-10　存储文件

单击项目命令,弹出文件"另存为"对话框,在此对话框中可为项目文件命名,可将项目存储在指定文件夹中,如图1-11所示。

单击图1-11所示的文件"另存为"对话框右下方"选项(P)..."按钮,则弹出

图 1-12 所示的"文件保存选项"对话框，可在该对话框中对文件的最大备份数及缩略图样式等进行设置。

图 1-11　文件"另存为"对话框

单击图 1-11 所示的文件"另存为"对话框左下方"工具"按钮，在弹出的列表中选择"将当前文件夹添加到'位置'列表中（P）"选项，则当前文件夹出现在该对话框左侧的"保存于"位置列表中。

（4）导出

在应用程序菜单中单击"　　　导出　　　▶"按钮右侧的三角符号，弹出"创建交换文件并设置选项"命令列表，如图 1-13 所示。列表中有多种文件格式，可根据需要选用，也可在"选项"命令中，对导出的文件的线型、颜色等信息进行设置。

如将某一层平面图导出为 DWG 文件操作如下。

图 1-12　"文件保存选项"对话框

单击导出按钮，选择　　　　　　　　　　　　　，弹出

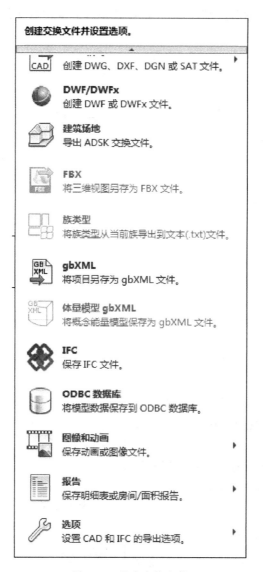

创建交换文件并设置选项。

CAD	创建 DWG、DXF、DGN 或 SAT 文件。
DWF/DWFx	创建 DWF 或 DWFx 文件。
建筑场地	导出 ADSK 交换文件。
FBX	将三维视图另存为 FBX 文件。
族类型	将族类型从当前族导出到文本(.txt)文件。
gbXML	将项目另存为 gbXML 文件。
体量模型 gbXML	将概念能量模型保存为 gbXML 文件。
IFC	保存 IFC 文件。
ODBC 数据库	将模型数据保存到 ODBC 数据库。
图像和动画	保存动画或图像文件。
报告	保存明细表或房间/面积报告。
选项	设置 CAD 和 IFC 的导出选项。

图 1-13　导出交换文件

"DWG 导出"对话框,如图 1-14 所示。

① 单击"选择导出设置（L）"命令右侧的"┄"设置按钮,可对导出图形文件的图层、线型、颜色等特性进行设置。一般采用默认值;

② 在"导出（E）"右侧编辑框中点选"＜任务中的视图/图纸集＞"选项;在"按列表显示（S）"右侧编辑框中点选"模型中的视图";

③ 在下方模型视图列表中选择"楼层平面：1F";

④ 点击"下一步（X）..."按钮,弹出图 1-15 所示的"导出 CAD 格式-保存到目标文件夹"对话框。在该对话框中可为导出的 CAD 图形文件命名、选择保存版本信息,并存储在指定的文件夹中。

图 1-15 所示的"导出 CAD 格式-保存到目标文件夹"对话框的左下角的

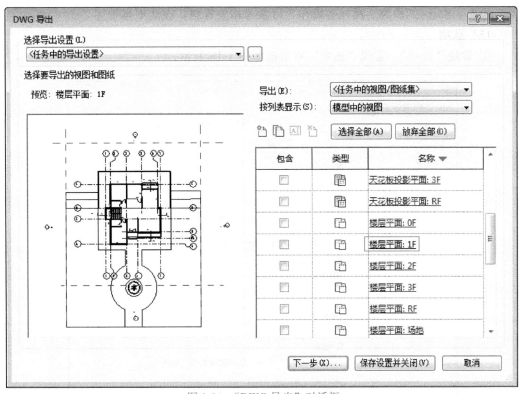

图 1-14　"DWG 导出"对话框

"　工具(L)　▼　"按钮操作可参见图 1-11 文件"另存为"对话框中"工具"按钮的用法。

图 1-15　"导出 CAD 格式-保存到目标文件夹"对话框

发布、Suite 工作流、授权等操作，可参考相关资料，在此不再赘述。

(5) 选项

① 常规"选项"　常规"选项"对话框如图 1-16 所示。

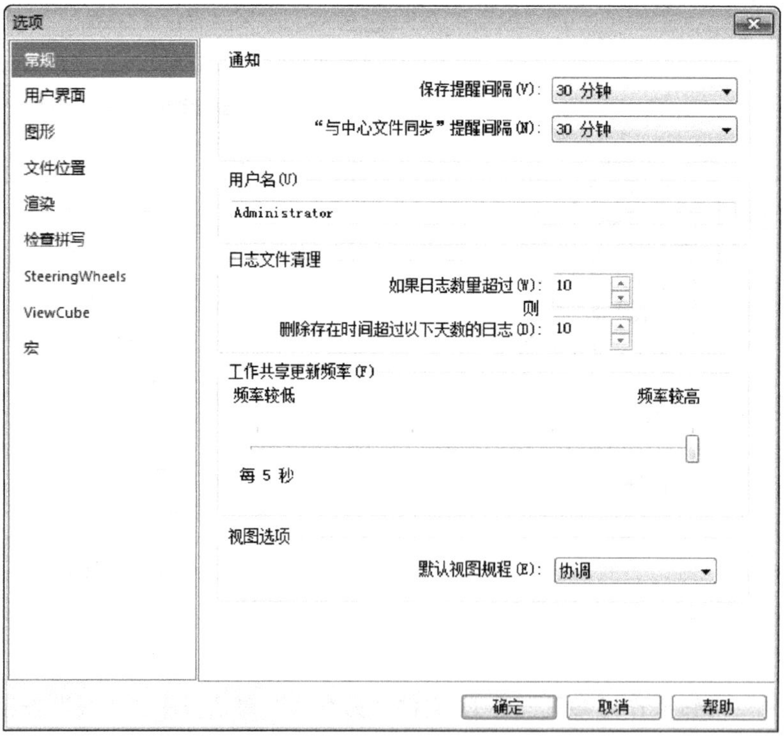

图 1-16　常规"选项"对话框

通知：用来设定保存提醒的时间间隔，为避免电脑出现故障或突然断电等意外发生时造成更大的损失，一般将"保存提醒间隔（V）"和"'与中心文件同步'提醒间隔（N）"时间均设为 30 分钟。

用户名（U）：协同工作时，根据软件命名的用户名来给出用户的权限。

日志文件清理：Revit 的日志文件在每一次启动 Revit 时自动生成，是一些 TXT 文本文件，记载 Revit 的所有操作。日志文件存储在 Revit 的安装目录下，打开这些日志文件可以重现之前的操作。一般情况下，对日志文件清理可采用默认值。

工作共享更新频率（F）：用于协同工作时各专业设置的更新，一般采用默认值。

视图选项：默认视图规程（E）可根据所设计的专业来选择，如建筑、结构、机电等，如无具体要求，可选择"协调"。

② 用户界面"选项"　用户界面"选项"对话框如图 1-17 所示。

配置：用来确定在用户界面上显示的工具栏内容。

活动主题（H）：用以确定所使用工具条的形式，有"亮"和"暗"两个选项。

快捷键：Revit 系统提供了一些命令的快捷键，见书后附录 2。也可根据个人习惯自定义快捷键。创建快捷键的方法：首先点击"快捷键"选项右侧的" 自定义（C）... "

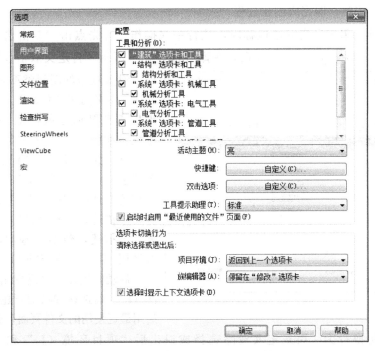

图 1-17　用户界面"选项"对话框

按钮，在弹出的图 1-18 所示"快捷键"对话框"指定（A）"列表中选择命令，然后
在该对话框左下方"按新键（K）"右侧的编辑框中输入新的快捷键，再点击

图 1-18　自定义"快捷键"对话框

"![指定(A)]"按钮，即完成创建过程。

双击选项：用来设定双击鼠标时，执行一些操作。首先点击"双击选项"右侧的
"![自定义(C)...]"按钮，在弹出的图1-19所示"自定义双击设置"对话框

图 1-19 "自定义双击设置"对话框

中，设置双击的图元类型及双击操作。

工具提示助理（T）：工具提示助理是指当鼠标驻留在某一命令上时，系统自动弹出关于这一命令的使用描述，有"无""最小""标准""高"四个选项。如果选择"无"，系统对命令不描述；选择"最小"，系统对命令只有简单描述；选择"高"，系统对命令做详细描述，包括一些动画显示。一般采用"标准"模式即可。

启动时启用"最近使用的文件"页面（F）：勾选该选项则新建项目启动时启用最近使用的文件页面，否则不启动。

选项卡切换行为：用来定义清除选择或退出后"项目环境（J）"和"族编辑器（A）"的显示状态及选择时是否显示上下文选项卡。

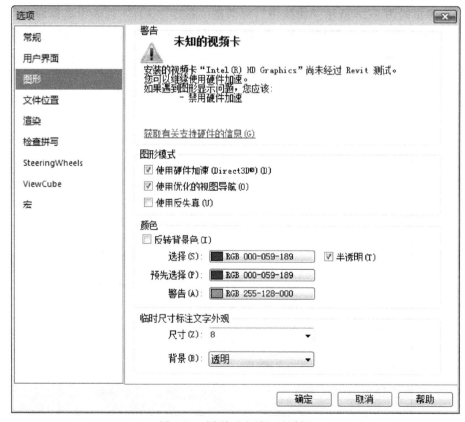

图 1-20 图形"选项"对话框

③ 图形"选项" 图形"选项"对话框如图 1-20 所示。

警告：Revit 软件是支持硬件加速的，但它只支持与之配套产品的显卡。点击警告选项框下方的"获取有关支持硬件的信息（G）"，可在其官网查找支持 Revit 硬件加速的显卡序列号。

图形模式：有三个选项，即使用硬件加速（Direct3D）（D）、使用优化的视图导航（O）和使用反失真（U）。

> **注意：**
>
> 如果在视图显示中出现问题，说明硬卡不支持 Revit 加速，可不勾选"使用硬件加速（Direct3D）（D）"项。

颜色：Revit 的背景颜色只有黑和白两种，默认状态下是黑色，如果想把背景颜色设置成白色，则勾选"反转背景色（I）"；"选择（S）"为选中一个构件时构件轮廓显示的颜色；"预先选择（P）"为在未选择之前，鼠标放置在构件之上时构件轮廓显示的颜色；"警告（A）"为选择后出现问题的构件轮廓的颜色；勾选"半透明（T）"，允许查看设置在选定图元下面的图元。

临时尺寸标注文字外观：用来设置临时尺寸的大小及尺寸数字背景的透明度。

④ 文件位置"选项" 文件位置"选项"对话框如图 1-21 所示。该对话框分上下两部分。

上部分描述项目样板文件（T）的位置，项目样板文件安装时放置在 Revit 安装目

图 1-21　文件位置"选项"对话框

录下的 RVT 2014\Templates\China 文件夹中。用户可将自己创建的项目样板文件存储在该文件夹中，并可在新建文件对话框中显示自定义的项目样板文件。

下部分描述用户创建的各种 Revit 文件的默认存储位置，可根据需要修改其默认路径。如用户创建项目文件，默认路径存放在"我的文档"中，可将其设置为存放在个人工作目录下，以方便文件的管理。

1.3.2 快速访问工具栏

(1) "快速访问工具栏"的默认设置

快速访问工具栏位于 Revit 操作界面的顶部，可以将经常使用的工具放置在此区域内，如图 1-22 所示。

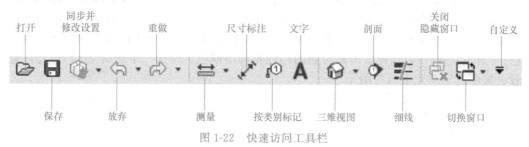

图 1-22　快速访问工具栏

点击右侧自定义按钮"▼"，弹出自定义快速访问工具栏命令列表，如图 1-23 所示。单击下方"自定义快速访问工具栏"按钮，弹出图 1-24 所示"自定义快速访问工具栏"对话框。

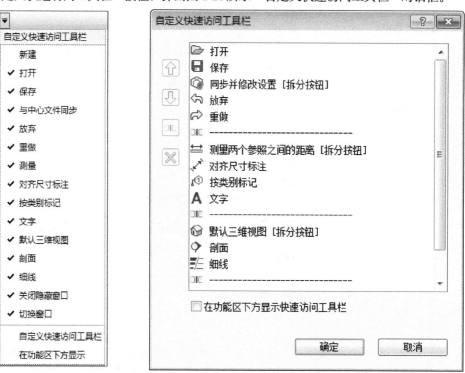

图 1-23　自定义快速访问工具栏命令列表　　　图 1-24　"自定义快速访问工具栏"对话框

（2）"快速访问工具栏"的编辑

利用"快速访问工具栏"删除命令：在快速访问工具栏中要删除的命令按钮上，点击鼠标右键，弹出快捷菜单如图 1-25 所示，选取"从快速访问工具栏中删除（R）"，则删除该命令。

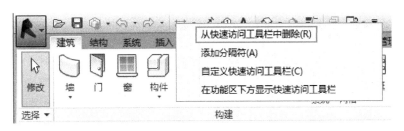

图 1-25　在"快速访问工具栏"中删除命令

利用"快速访问工具栏"添加命令：在要添加到快速访问工具栏命令按钮上，点击鼠标右键，弹出"添加到快速访问工具栏"命令，拾取该命令即可完成添加，如图1-26所示。

图 1-26　在"快速访问工具栏"中添加命令

1.3.3　选项卡

Revit 的工具均由不同的选项卡构成，包括建筑选项卡、结构选项卡、系统选项卡、注释选项卡、视图选项卡、管理选项卡、修改选项卡等，如图 1-27 所示。

| 建筑 | 结构 | 系统 | 插入 | 注释 | 分析 | 体量和场地 | 协作 | 视图 | 管理 | 修改 |

图 1-27　建筑样板"选项卡"

1.3.4　功能区、上下文选项卡、选项栏

（1）功能区

功能区位于选项卡的下方，如图 1-28 所示。创建或打开文件时，功能区会显示，它提供创建项目或族所需的全部工具面板。当鼠标停留在功能区的某个工具按钮上时，

默认情况下，Revit 会显示工具功能提示，对该工具进行简要说明，若鼠标在该功能区上停留的时间较长些，则会显示附加信息。

图 1-28 Revit 功能区

点击图 1-28 右上角功能区显示控制按钮，则弹出功能区显示控制的列表菜单，如图 1-29 所示。其中

① 最小化为选项卡：显示选项卡标签。

② 最小化为面板标题：显示选项卡和面板标题。

③ 最小化为面板按钮：显示面板中第一个按钮。

④ 循环浏览所有项：显示整个功能区。

图 1-29 功能区显示
控制的列表菜单

（2）上下文关联选项卡

当在 Revit 中选择具体命令或单击图元时，会出现绿色的"上下文关联选项卡"，见图 1-28。如选择"墙"命令，则会显示"修改｜放置墙"的选项卡。

（3）选项栏

选项栏是和使用工具有关的操作选项。如当使用墙工具时，会显示和墙相关的设置选项，见图 1-28。

1.3.5 项目浏览器

默认情况下，项目浏览器显示在 Revit 界面的左侧且位于属性面板下方，可利用鼠标拖拽移动其位置。关闭项目浏览器面板可以提供更多的屏幕操作空间。显示项目浏览器的方式：单击"视图"选项卡→"用户界面"按钮→勾选"项目浏览器"复选框即可。

项目浏览器用于管理整个项目中所涉及的视图、明细表、图纸、族、组和其他部分对象。项目浏览器呈树状结构，各层级可展开和折叠。双击对应的视图名称，可以方便地在项目的各视图中进行切换，如图 1-30 所示。

图 1-30 Revit 项目浏览器

1.3.6 属性面板

(1) 属性面板的调用

属性面板的调用方式：在操作界面中任意空白处单击鼠标右键，选择"属性"；在"视图"→"用户界面"下拉框中打开属性面板；用户还可为属性面板自定义快捷键，以快捷键的方式打开。

(2) 属性面板的使用方法

"属性"选项板，主要功能是查看和修改图元属性特征。"属性"选项板由类型选择器、编辑类型、属性过滤器、实例属性组成，如图 1-31 所示。

图 1-31　属性面板

1.3.7 视图控制工具

Revit 的视图控制工具主要包括：视图导航栏、ViewCube 工具和视图控制栏等。

(1) 视图导航栏

视图导航栏如图 1-32 所示。二维视图界面上，视图导航栏显示在屏幕的右上角，点击"二维控制盘"按钮，则弹出图 1-33 所示"二维控制盘"。可利用二维控制盘的平移和缩放工具对图元进行平移和缩放操作。按下二维控制盘上的"回放"按钮，可查看刚刚所浏览过的视图记录。松开，又回到导航盘初始模式。单击导航盘下拉箭头，可以设置导航盘的尺寸大小、显示的方式等。

按"Esc"键或导航盘右上角的"×"按钮可退回导航栏。

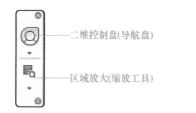

图 1-32　Revit 二维视图导航栏

图 1-33　二维控制盘

点击菜单"🏠"图标，进入三维状态。三维视图中导航栏如图 1-34 所示。单击"全导航控制盘"，则弹出图 1-35 所示"全导航控制盘"。"全导航控制盘"功能除了平移、缩放、动态观察（动态观察即相当于按着键盘上的"Shift"键和鼠标中键进行旋转）、回放、向上/向下移动视图和环视外，还有一个"中心"选项。单击"中心"按钮，可以将旋转中心移动到项目的任意位置。再使用"动态观察"时就会发现，其旋转中心会基于所放置的轴心来旋转。

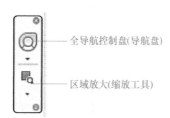

图 1-34　三维视图导航栏

图 1-35　全导航控制盘

选择导航栏中的"区域放大"，还可对视图进行局部放大。通过点击"区域放大"下拉箭头，在弹出的快捷菜单中点取"缩放全部以匹配"或双击滚轮，Revit 会重新缩放显示当前视图，如图 1-36 所示。

(2) ViewCube 工具

ViewCube 工具位于三维视图的右上角，该工具用以浏览指定方向的三维视图，如图 1-37 所示。ViewCube 立方体的各顶点、边、面和指南针的指示方向，代表三维视图中不同的视点方向。

在 ViewCube 上单击"主视图"工具"🏠"，可以切换到默认的主视图。还可通过点击 ViewCube 右下角下拉箭头，在弹出的快捷菜单中将任意视角的三维视图设定为主视图，如图 1-38 所示。

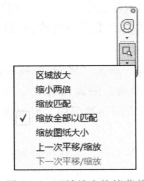

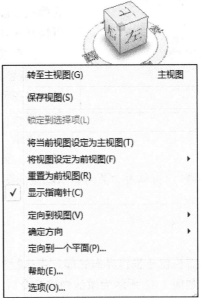

区域放大
缩小两倍
缩放匹配
✓ 缩放全部以匹配
缩放图纸大小
上一次平移/缩放
下一次平移/缩放

图 1-36 区域放大快捷菜单

转至主视图(G)	主视图
保存视图(S)	
锁定到选择项(L)	
将当前视图设定为主视图(T)	
将视图设定为前视图(F)	▶
重置为前视图(R)	
✓ 显示指南针(C)	
定向到视图(V)	▶
确定方向	▶
定向到一个平面(P)...	
帮助(E)...	
选项(O)...	

图 1-37 ViewCube 工具

图 1-38 快捷菜单

(3) 视图控制栏

Revit 中，可利用视图控制栏对视图的显示方式进行控制。视图控制栏位于 Revit 窗口底部。如图 1-39 所示，视图控制栏工具从左向右依次是：比例、详细程度、视觉样式、日照路径、阴影、渲染对话框、裁剪视图、显示/关闭裁剪区域、解锁三维视图、临时隐藏/隔离、显示隐藏图元、临时视图属性、隐藏分析模型和高亮显示位移集。

> **注意：**
>
> 视图的控制栏只有在三维视图中有"显示/隐藏渲染对话框"项。

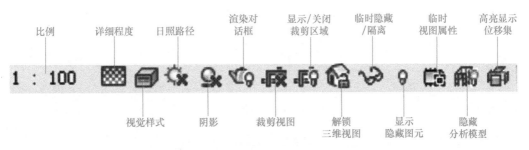

图 1-39 视图控制栏

Revit 中的视觉样式包括线框、隐藏线、着色、一致的颜色、真实、光线追踪等模式，如图 1-40 所示。其显示效果自上而下逐渐增强，消耗的计算机资源逐渐增加，显示刷新的速度逐渐减慢。用户可根据计算机的性能和视图表现要求，选择不同的视觉样式。

"临时隐藏/隔离"工具，可以对图元或类别进行临时性的隐藏和隔离。隐藏或隔离

图 1-40　视觉样式

之后，工作区域四周会显示蓝色边框，表示当前视图中包含隐藏或隔离的图元。单击"重设临时隐藏/隔离"按钮可恢复正常的图元显示。

隐藏或隔离图元之后，单击"将隐藏/隔离应用到视图"。蓝色边框消失，且隐藏、隔离所有命令不可用，这时即将图元的隐藏或隔离应用到视图中，变成永久性的隐藏或隔离。

单击"显示隐藏图元"工具，工作区域四周会以红色框显示。此时，"显示隐藏图元"按钮转换为"关闭在视图中隐藏"。再单击"关闭显示隐藏的图元"按钮，则返回前一状态。

1.3.8　状态栏

状态栏位于操作界面底部，当执行相关操作时，会在此处显示当前操作的相关提示信息，如图 1-41 所示为激活画墙命令后，状态栏显示信息为"单击可输入墙起始点"。

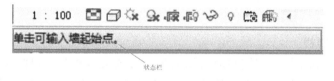

状态栏

图 1-41　状态栏

第 2 章
Revit的基本操作

2.1 绘图工具

2.1.1 参照平面

工作平面是 Revit 建模中的一个重要参照，又称"参照平面"。设置参照平面后，建模过程中绘制的点线面将位于该工作平面。通过设定不同参照平面，可实现绘制过程的定位、定向及完成一些复杂的形体建模。

(1) 参照平面的特点

参照平面是基于工作平面的图元，寄存于平面空间，在二维视图中可见，在三维视图中不可见。

(2) 参照平面的绘制

① 单击"建筑"选项卡→"工作平面"面板中→"参照平面"命令，如图 2-1 所示。

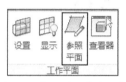

图 2-1 参照平面命令面板

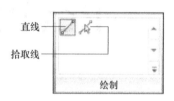

图 2-2 绘制参照平面的两种方式

② 单击"参照平面"命令后，弹出"绘制"对话框，如图 2-2 所示。参照平面有"直线"（手动绘制）和"拾取线"（拾取已有线条）两种绘制模式。

③ 利用"拾取线"命令绘制参照平面时，可通过选项栏的"偏移量"，输入偏移值，一般以毫米为单位，如图 2-3 所示。

图 2-3 "拾取线"命令选项栏

④ 参照平面辅助线的两端，有空心圆圈，使用鼠标拖动，可以拉伸和缩短辅助线的长度。

(3) 参照平面的命名

选中绘制的参照平面，在属性面板中为参照平面命名（如：参照平面1），按"应用"按钮，见图 2-4。

(4) 参照平面的选用

创建模型时，当需要指定新的工作平面时，可点击图 2-1 所示的参照平面命令面板中"设置"命令，在弹出的"工作平面"对话框中，指定选择已建立参照平面的名称，如图 2-5 所示。

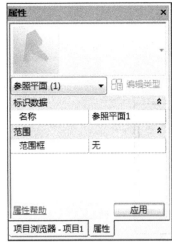

图 2-4　命名参照平面

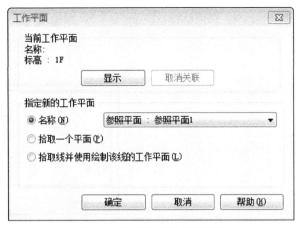

图 2-5　按名称指定参照平面

（5）参照平面的影响范围

选择已绘制的参照平面，在"修改｜参照平面"选项卡中单击"影响范围"按钮，弹出"影响基准范围"对话框，如图 2-6 所示。勾选相应选项可确定参照平面应用的视图范围。

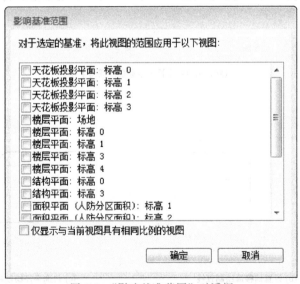

图 2-6　"影响基准范围"对话框

2.1.2　绘图工具详述

在 Revit 中绘制墙体、楼板和屋顶等的轮廓草图，或者绘制模型线和详图线时，需用基本的绘图工具来完成相应的操作。

Revit 中绘制不同的图元，提供的"绘制"面板会有所不同，图 2-7 是在绘制"建筑"→"楼板"模式下,"绘制"面板所提供的绘制工具,其中包括直线、矩形、多边形、圆形、弧、圆角弧、拾取线、拾取墙等常用绘图命令。

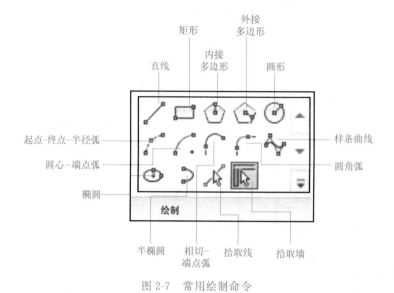

图 2-7　常用绘制命令

(1) 直线工具 ✏

可以创建一条直线或一组连接的线段。选项栏可设置偏移量及连接圆弧半径,如图 2-8 所示。

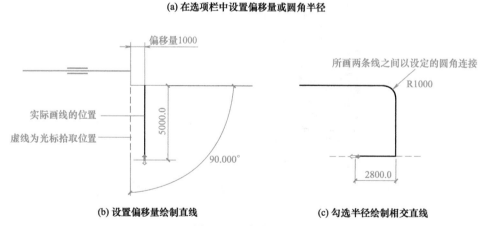

图 2-8　画直线工具

(2) 矩形工具 ▱

通过拾取两个对角创建矩形。也可以指定偏移量、输入圆角半径,方式同直线工具。

(3) 内接多边形工具 ⬠

通过指定多边形的顶点与多边形中心间距绘制多边形。选项栏中设置多边形边数、偏移量、多边形半径等,如图 2-9 所示。

| ☑链 边: 5 | 偏移量: 1000.0 | □半径: 3000.0 |

图 2-9　内接多边形命令选项栏

绘制多边形可通过在屏幕上指定参数确定，也可勾选半径选项，在编辑框中输入多边形半径或设置偏移量，如图 2-10 所示。

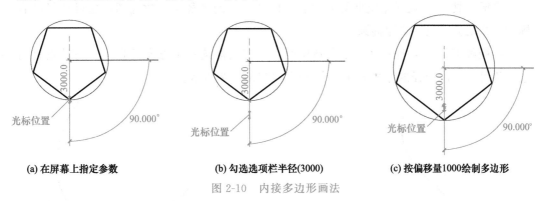

(a) 在屏幕上指定参数　　　　　(b) 勾选选项栏半径(3000)　　　　　(c) 按偏移量1000绘制多边形

图 2-10　内接多边形画法

(4) 外接多边形工具 📐

通过指定多边形各边与多边形中心的距离绘制多边形，其操作过程与内接多边形相同。

(5) 圆形工具 ⊙

通过指定圆的中心和半径创建圆形。半径可在屏幕上直接指定，也可在选项栏中指定半径。

(6) 弧工具

起点-终点-半径弧工具 ✎：通过指定起点、终点和半径绘制圆弧。

圆心-端点弧工具 ✎：通过指定圆弧的中心点、起点和终点绘制圆弧。

相切-端点弧工具 ✎：通过已有线段的端点，创建与其相切的圆弧。

圆角弧工具 ✎：在两条直线之间实现圆角连接。绘制圆弧时，先分别选择要形成圆角的两条直线，然后拖拽光标确定连接圆弧的半径，在选定的位置上单击鼠标左键画出圆弧，此时两条直线自动修剪为圆角。

四种绘弧方式都可在选项栏中设定连接圆弧的半径。

(7) 样条曲线工具 〰

可以创建一条经过或靠近指定点的平滑曲线，如图 2-11 所示。

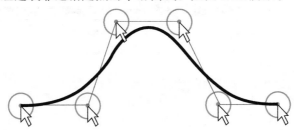

图 2-11　样条曲线

(8) 椭圆画法

椭圆工具 ⊙ ：通过指定椭圆的中心和两个方向的半径来创建椭圆，也可选择已有
椭圆并指定偏移量来创建椭圆。

半椭圆工具 ⊃ ：通过在屏幕上指定两个点确定椭圆一个方向的直径，与其垂直的
直线为另一方向半径的方式创建半个椭圆，如图 2-12 所示。

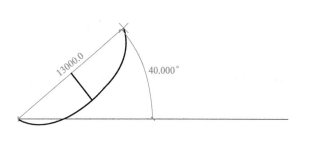

(a) 确定半椭圆一个方向的直径   (b) 确定半椭圆另一个方向的半径

图 2-12   半椭圆画法

(9) 拾取画法

拾取线工具 ⿰ ：在绘图区域中选择现有墙、线或边创建一条线。

拾取墙工具 ⿰ ：基于现有的墙添加绘制线。若需选择一组首尾连接的墙，可将光
标移动到墙上，按下"Tab"键高亮显示所有的墙，然后单击鼠标。使用该工具创建的
线将自动约束到墙。

2.2   编辑工具

2.2.1   选择图元

(1) 点选

选择单个图元时，单击鼠标左键。选择多个图元时，按住"Ctrl"键，点击要选择

的图元。取消图元选择时，按住"Shift"键，点击已选择的图元，可以将该图元从选择集中删除。

（2）框选

按住鼠标左键，拖拽光标，则选中矩形范围内的图元。按住"Ctrl"键、"Shift"键，可以添加、删减图元。

（3）选择全部实例

点选某个图元单击右键，从下拉菜单中选择"选择全部实例（A）"命令，见图 2-13，Revit 会自动选中当前视图或整个项目中所有相同类型的图元实例。这是编辑同类图元的常用方法。

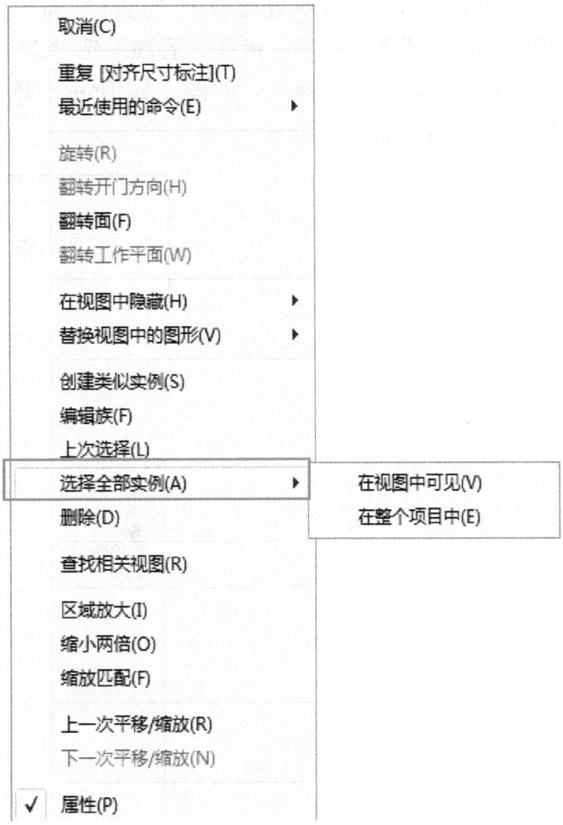

（4）利用"Tab"键选择

① 用"Tab"键可快速选择相连的一组图元：移动光标到其中一个图元附近，当图元高亮显示时，按"Tab"键，相连的这组图元会高亮显示，再单击鼠标左键，就选中了相连的一组图元。

② 当多个图元对象出现重叠时，可通过键盘上的"Tab"键循环切换。

（5）图元过滤

图 2-13 选择全部实例

选中不同图元后，单击功能区右侧"过滤器" 🔻 按钮，通过"过滤器"对话框勾选或者取消图元类别，过滤已选择的图元，如图 2-14 所示。

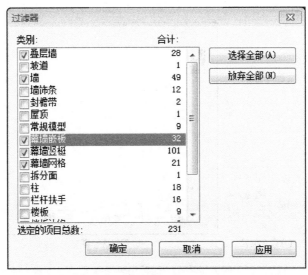

图 2-14 利用过滤器筛选图元

(6) 选择集操作

选择图元后，可通过选项卡"选择"面板中的"保存"工具进行保存，如图 2-15 所示。若要载入选择集，可在"管理"选项卡→"选择"区→"载入"命令中将选择集重新载入或重新定义选择集，如图 2-16 所示。还可以对选择集进行编辑、重命名或删除等操作，如图 2-17 所示。

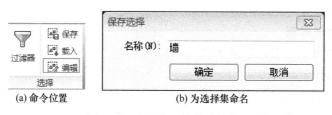

(a) 命令位置　　　　　　(b) 为选择集命名

图 2-15　在功能区保存选择集

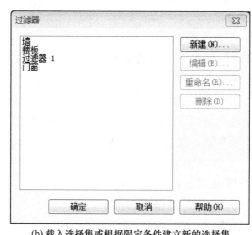

(a) 命令位置　　(b) 载入选择集或根据限定条件建立新的选择集

图 2-16　在功能区载入选择集

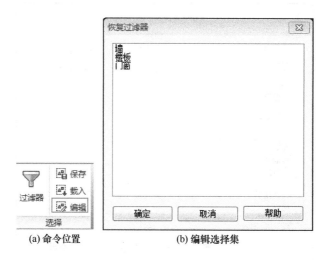

(a) 命令位置　　　　(b) 编辑选择集

图 2-17　在功能区编辑选择集

2.2.2 编辑图元

功能区"修改"面板中提供了对齐、偏移、镜像、拆分、移动、复制、旋转、修剪/延伸、锁定、解锁图形等常用编辑命令，如图 2-18 所示。

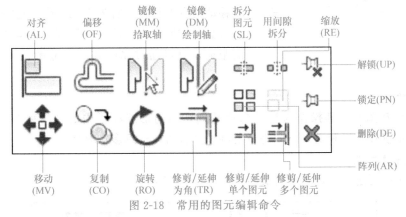

图 2-18 常用的图元编辑命令

执行编辑图元命令时，有两种操作方式：第一种是先选对象，再激活命令；第二种是先激活命令，再选对象，然后回车。

(1) 对齐工具

可将一个或多个图元与原定的图元对齐。点击该命令后，在选项栏中可设置对齐方式及对齐的基准，如图 2-19 所示。

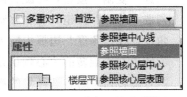

图 2-19 对齐工具选项栏

勾选"多重对齐"编辑框，一次可对多个实体进行对齐操作。操作时，应首先选取要对齐的线或参照点，然后逐个选取与它对齐的实体。

"首选"编辑框用来选取对齐的基准，有 4 个选项，分别为参照墙中心线、参照墙面、参照核心层中心和参照核心层表面，一般默认值为参照墙面。

图 2-20 偏移命令选项栏

(2) 偏移工具

将选定的图元（如线、墙或梁）沿其长度的垂直方向复制或移动，如图 2-20所示。图元可以是单个图元或属于同一个族的一连串图元。偏移命令有如下两种方式。

图形方式：是在屏幕上指定偏移的距离，点击偏移命令后，首先拾取要偏移的墙或线，然后在屏幕上沿要偏移的方向指定两个点确定偏移的距离。

数值方式：在选项栏编辑框中输入要偏移的距离，然后在屏幕上拾取要偏移的墙或直线即可，拾取时注意移动鼠标确定偏移的方向。

勾选右侧的"复制"按钮，则偏移后生成新的图元，反之移动图元。

> **注意：**
>
> 如对墙体进行偏移，偏移后的墙体间会保持连接关系。

(3) 移动工具 ✥

用以移动图元。勾选"约束"按钮，可限制图元沿着与其垂直或水平的方向移动；勾选"分开"按钮，可在移动前中断选择集和其他图元之间的关联（如移动与另一面墙连接的墙时）或将依附于主体的图元从当前主体移动到新的主体上（如将一扇窗从一面墙移到另一面墙上），如图 2-21 所示。

修改 | 墙　☑约束 □分开 □多个

图 2-21　移动命令选项栏

移动命令的操作：首先点取命令，选择要移动的图元对象，按回车键，然后在屏幕上指定两点确定移动的距离，也可通过修改临时尺寸数值确定移动的距离。

(4) 复制工具 ⊙

用以复制图元，其操作与移动命令相同，当勾选选项栏中的"约束"和"多个"时，可限定仅在水平和垂直方向进行复制，并且可以连续多次复制。

(5) 旋转工具 ↻

对选中图元进行一定角度的旋转，如图 2-22 所示。

图 2-22　旋转命令选项栏

勾选"复制"按钮，在旋转的同时，还可复制图元。

勾选"分开"按钮，可在移动前中断选择集和其他图元之间的关联。

角度：在"角度"边框中输入旋转的角度。

旋转中心：旋转的中心默认是图元的中点，可点击"地点"后重新定义旋转中心。

执行旋转命令时，选择集的操作参见"移动"工具。选择集确定后，按回车键，在选择集的中心显示旋转中心符号，移动鼠标，在屏幕上指定第一条旋转射线，单击至旋转终点指定旋转的角度。如果在选项栏中输入旋转的角度，按回车键后，Revit 自动执行旋转操作。

(6) 镜像命令

镜像/拾取轴工具 ▷|：可以使用现有的线或边作为镜像轴，来翻转选定的图元复制生成一个副本并翻转其位置。

镜像/绘制轴工具 ▷∣：绘制一条临时线作为镜像轴，来翻转选定的图元复制生成一个副本并翻转其位置。

执行命令时，首先要选定镜像的对象，然后再选择镜像命令。默认情况下，Revit 会生成镜像构件的副本。

(7) 拆分图元工具 ✥

在选定点剪切图元（如线或墙），或删除亮点之间的线段。拆分墙时，产生的两部分可以独立修改。

(8) 用间隙拆分工具 ⊹

可先在选项栏中设置拆分间隙，然后指定拆分位置，即按照给定的间隙拆分为两部分。

(9) 缩放工具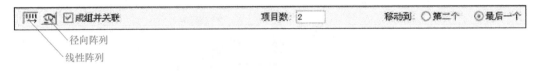

可以通过选项栏确定采用图形方式或数值方式来按比例缩放图元。缩放工具适用于线、墙、图像、DWG 和 DXF 导入、参照平面及尺寸标注的位置。

(10) 修剪/延伸工具

修剪/延伸为角工具：修剪或延伸图元，以确定一个角。

> **注意：**
>
> 选择修剪图元时，单击保留的图元部分，可将多余的部位修剪掉。

修剪/延伸　单个图元工具：可以修剪或延伸一个图元到其他图元定义的边界。

修剪/延伸　多个图元工具：修剪或延伸多个图元到其他图元定义的边界。

> **注意：**
>
> ① 先选择作为边界的参照，然后选择要修剪或延伸的图元。
> ② 选择要修剪图元时，单击要保留的图元部分，可将多余的部位修剪掉。

(11) 阵列工具

阵列操作是对所定的图元"按线性方式"或"径向方式"排列的多重拷贝。阵列时，首先选择一个或多个构件，然后在"编辑"菜单中选择"阵列"命令或在工具栏中单击"阵列"按钮。阵列命令选项栏如图 2-23 所示。

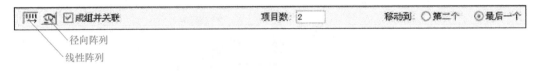

图 2-23　阵列命令选项栏

① 线性阵列　在选项栏中单击"线性阵列"按钮，选项栏中出现以下三个附加选项。

成组并关联：选择这一项可将阵列的每个成员包括在一个组中。

项目数：指定阵列中的项目总数。

移动到：用以指定被复制构件与副本之间的距离。选择"第二个"，则指定阵列中每个成员间的距离，阵列成员出现在第二个成员之后；选择"最后一个"，则指定阵列的整个距离，阵列成员出现在第一个成员和最后一个成员之间。

② 径向阵列　在选项栏中单击"径向阵列"按钮，选项栏中出现三个附加选项，其含义与"线性阵列"相似。另外还出现一个"角度"文字框，其用法同旋转命令。在创建径向阵列时，大部分情况下都需要将旋转符号的中心从构件的中心拖拽开，如图 2-24 所示。

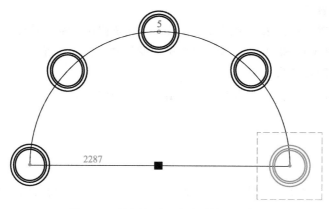

图 2-24 径向阵列（移动到最后一个）

(12) 锁定与解锁

锁定工具 ⌑：用于将模型图元锁定。锁定图元后，不能对其进行移动，除非将图元设置为随附近的图元一起移动或与它所在的标高上下移动。

解锁工具 ⌐ₓ：可将锁定的图元解锁。

> **注意：**
>
> 如果对锁定图元进行删除操作，将提出警告指明图元已锁定。

(13) 删除工具 ✕

按键盘上的"Delete"键或工具栏上的"✕"按钮，可以删除图元。

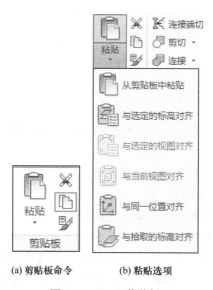

(a) 剪贴板命令　　　　(b) 粘贴选项

图 2-25　Revit 剪贴板

(14) 复制到剪贴板工具

Revit 提供了剪贴板工具，对图元进行剪切、复制、特性匹配及粘贴等操作，如图

2-25（a）所示。"复制"到剪贴板上的图元，粘贴时需要选择粘贴的方式，如图 2-25（b）所示。

2.3 尺寸标注

在 Revit 中，尺寸标注属于注释类图元，用来标注构件的空间尺寸，包括高、宽和深度，以及角度、半径、直径和弧长等。Revit 不仅能快速标注尺寸，而且尺寸标注与构件之间可以双向互动，移动或删除构件后尺寸标注自动更新。反之，编辑尺寸数值可以驱动构件。

尺寸标注分为临时尺寸标注和永久尺寸标注。临时尺寸标注作为绘图驱动出现，它们的值可以修改，从而驱动建筑构件以实现模型修改。永久尺寸标注呈现在施工图档中，它体现了建筑构件本身尺寸和构件之间的位置关系。

2.3.1 临时尺寸

在 Revit 中绘制或选中图元时，Revit 会自动捕捉该图元周围的参照图元，在两边出现蓝色的尺寸标注，称为"临时尺寸标注"，如图 2-26 所示。

拖动夹点可调整尺寸界线的位置；也可通过修改临时尺寸的数值，来驱动选中图元；单击图中"↦"符号，可将临时尺寸标注转换为永久尺寸标注，如图 2-26 所示。

临时尺寸默认标注的位置，可以在"管理"选项卡→"设置"→"其他设置"→"临时尺寸标注"中进行设置，如图 2-27

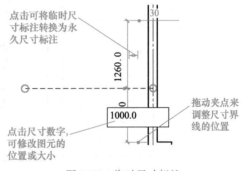

图 2-26 临时尺寸标注

（a）所示，一般默认为捕捉到墙的表面，如图 2-27（b）所示。

2.3.2 永久尺寸标注

用户通过复制一个现有的尺寸标注类型，并设定用户属性参数值，从而创建用户自定义尺寸标注类型。新的用户自定义尺寸标注类型可以增加到属性面板的类型选择器中。

尺寸标注面板位于"注释"选项卡中，如图 2-28 所示。

（1）对齐尺寸标注工具

用于在多点之间或平行的参照平面之间放置尺寸标注。在绘图区域上移动光标时，

(a) 命令位置　　　　　(b) 临时尺寸标注属性对话框

图 2-27　临时尺寸标注属性

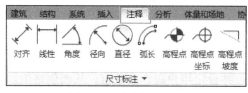

图 2-28　尺寸标注面板

可用于尺寸标注的参照点将高亮显示。点击对齐尺寸标注工具后，选项栏如图 2-29（a）所示。在选项栏中可对尺寸界限的位置进行设置，如图 2-29（b）所示；还可以对拾取对象进行设置，如图 2-29（c）所示。

若对象拾取模式为单个参照点，只需点击图元，确定单个尺寸标注或多个连续尺寸标注，然后在空白处点击结束标注。

若将对象拾取模式设置为"整个墙"，则尺寸标注选项栏中最右边的"选项"按钮

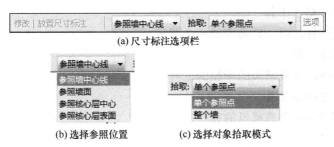

(a)尺寸标注选项栏

(b)选择参照位置　　　(c)选择对象拾取模式

图2-29　对齐尺寸标注选项栏

被激活，点击弹出图2-30所示"自动尺寸标注选项"对话框。

在"自动尺寸标注选项"对话框中，各选项功能如下。

① 洞口：以对某面墙及其洞口进行尺寸标注。选择"中心"或"宽度"设置洞口参照。

如果选择"中心"，尺寸标注链将使用洞口的中心作为参照。如果选择"宽度"，尺寸标注链将测量洞口宽度。

② 相交墙：以对某面墙及其相交墙进行尺寸标注。选择要放置尺寸标注的墙后，多段尺寸标注链会自动显示。

③ 相交轴网：以对某面墙及其相交轴

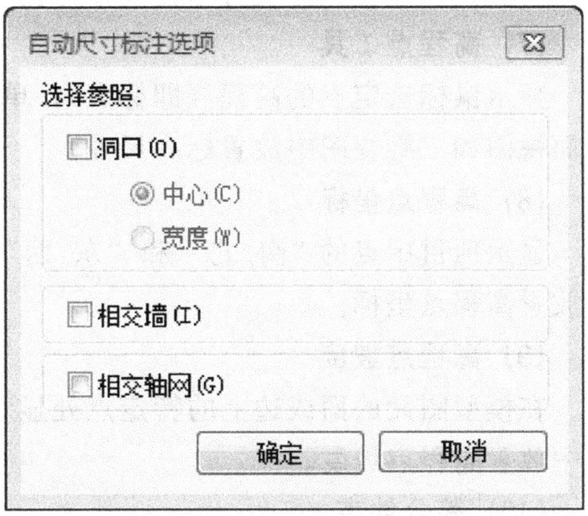

图2-30　"自动尺寸标注选项"对话框

网进行尺寸标注。选择要放置尺寸标注的墙后，多段尺寸标注链会自动显示，并参照与墙中心线相交的垂直轴网。

在图2-30所示"自动尺寸标注选项"对话框中设置不同的参数，可快速完成建筑平面图中的的尺寸标注，如图2-31所示。

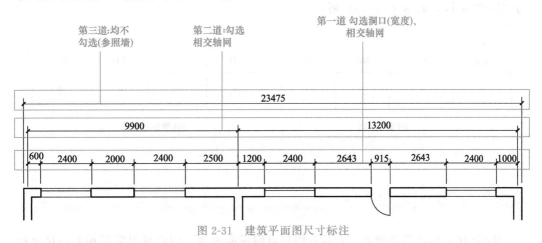

图2-31　建筑平面图尺寸标注

（2）线性尺寸标注工具

用于放置水平或垂直的尺寸标注。尺寸标注与视图的水平轴或垂直轴对齐。

（3）角度尺寸标注工具

角度标注用来标注成一定角度的两个图元。

（4）径向标注工具

径向标注是标注圆或圆弧的半径的工具。

（5）直径尺寸标注工具

直径标注用来标识圆或圆弧的直径。

（6）弧长尺寸标注工具

弧长标注是标注圆弧长度的尺寸。第一次点击要标注的圆弧，这时光标显示禁止操作符号，这时第二次和第三次点击弧线图元的起点或终点，然后移动光标到合适的位置，在空白处点击鼠标就可以创建该标注。

（7）高程点工具

显示鼠标选定点的高程（即标高），单击鼠标即可放置高程点符号。可在平面视图、立面视图和三维视图中放置标高尺寸。

（8）高程点坐标

显示项目中点的"南/北"和"东/西"坐标。可以在楼板、墙、地形表面和边界线上放置高程点坐标。

（9）高程点坡度

在模型图元的面或边上的特定点处显示坡度。可以在平面视图、立面视图和三维视图中放置高程点坡度。

（10）等分约束

等分约束是尺寸标注的一个特性，它可以在图元构件之间保持等距关系，比如在几个参照平面、参照线和模型线之间。在连续标注被选中时，点击尺寸标注外部显示的蓝色"EQ"图标就可以对该连续标注实现等分约束。

EQ 图标在未等分时带有一条红色斜线，如图 2-32（a）所示。当点击进行等分约束后，红色斜线会消失，并且图元间距实现等分约束关系，各个尺寸标注的数值被替换为"EQ"字样，如图 2-32（b）所示。

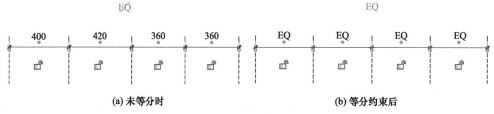

(a) 未等分时   (b) 等分约束后

图 2-32 尺寸的等分约束

2.3.3 尺寸标注类型

Revit 尺寸标注是系统族，它具有用户可编辑的参数。用户可以复制现有的尺寸标注类型，修改相关参数，从而创建用户自定义尺寸标注类型。新创建的用户自定义尺寸标注类型会自动增加到属性面板的类型选择器中。

修改尺寸标注类型的步骤如下所述。

① 单击"注释"选项卡→在尺寸标注面板中"对齐"标注，则"属性"面板显示当前"线性尺寸标注样式"，在其上单击"编辑类型"命令，则弹出尺寸标注"类型属性"对话框，如图2-33所示。

图 2-33　尺寸标注"类型属性"对话框

② 单击图2-33所示尺寸标注"类型属性"对话框上方右侧的"复制（D）"按钮，在弹出的"名称"对话框中输入自定义的尺寸标注类型的名称，如"例题"，如图2-34所示。

③ 在图2-33所示"类型参数"编辑框中，单击"标注字符串类型"右侧的编辑

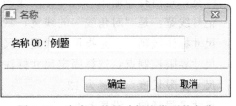

图 2-34　自定义的尺寸标注类型的名称

框，在其右侧出现一个三角形下拉箭头，点击出现三个选项，分别是"连续""基线"和"纵坐标"。常用的标注类型为连续，连续标注也是系统默认值。下面结合AutoCAD尺寸标注参数的设置要求，以连续标注为例，说明尺寸标注一些主要参数的设置方法。

a. 设置尺寸标注线、尺寸界限及箭头。

图2-35所示为部分"类型参数"编辑框，用鼠标拖拽其右侧滚动条，可显示更多的内容。

引线类型：引线主要用于标注较小的尺寸，当在尺寸线上方没有足够的空间放置尺寸数字时，将尺寸数字移至其他位置后所绘制的连接线。引线有两种选择，弧或直线。这两种方式均不符合我国国家标准的要求，因此在完成标注尺寸后，点选该尺寸，在选项栏中，不勾选"引线"。关于引线的其他选项略。

图 2-35　设置尺寸线标注、尺寸界限及箭头

记号：记号即为尺寸终止端的表示形式。在 Revit 中，有多种选择，根据建筑图尺寸标注要求，我们选择"对角线 2mm"。

线宽：是指打印输出时尺寸标注线的宽度，默认值为 1。

记号线宽：是"对角线"的线宽，默认值 4。

尺寸标注线延长：是指尺寸线超出尺寸界限的长度，按国家标准要求，设为 0。

尺寸界限控制点：选择固定尺寸标注线。

尺寸界限长度：设置为 12。

尺寸界限延伸：设置为 2。

尺寸标注线捕捉距离：设置为 8。尺寸标注线捕捉距离设置后，标注同方向尺寸时，如图 2-31 中的第一道尺寸和第二道尺寸，即为同方向尺寸。标注第二道尺寸放置尺寸标注线时，当光标移动至距第一道尺寸 8mm 的位置时，会出现虚线提示，这样方便我们在标注尺寸时均匀布置尺寸标注线的位置。

b. 设置文字的外观及单位格式。

设置文字外观，拖动"类型属性"编辑框右侧滚动条至图 2-36 所示位置。

宽度系数：即文字的宽度与高度比值，一般设为 0.8。

文字大小：即文字的高度，一般设为 3 mm。

文字偏移：即文字底部与尺寸标注线间的距离，一般设为 1mm。

读取规则：按我国国家标准规定，水平尺寸"向上"，垂直尺寸"向左"。选取"向上，然后向左"。

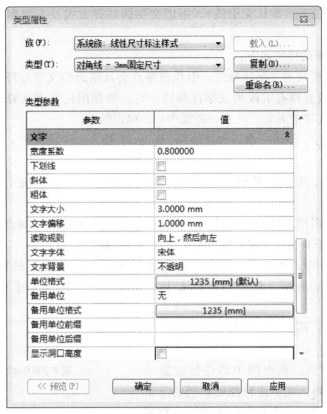

图 2-36 设置文字的外观及单位格式

文字字体：用于注写尺寸数字的字体，一般选"Romand"。

文字背景：当文字与图线重合时，将文字背景设为不透明，可避免文字与图线相交。

单位格式：设为 mm（默认值）。

2.4 文字注释

文字注释属于注释图元。

2.4.1 插入文字注释

单击"注释"选项卡→"文字"面板中文字工具"A 文字"。此时光标变为文字工具"┼A"。在功能区显示图 2-37 所示文字"格式"工具面板，可以为文

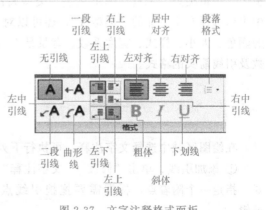

图 2-37 文字注释格式面板

字注释选择引线位置（默认无引线）、指定文字的对齐方式及文字属性（粗体、斜体和下划线）。

插入文字注释的操作如下：

① 当放置带引线的文字注释时，引线的终点会从附近的文字注释中捕捉所有可能的引线附加点。放置没有引线的文字注释时，它会捕捉附近文字注释或标签的文字原点。原点是根据文字对齐方式（左、右或中心）确定的点。

② 非换行文字。单击一次以放置注释。Revit 会插入一个文本框，换行需要输入回车键。

③ 换行文字。单击并拖拽以形成矩形文本框，文字注释超过矩形宽度自动换行。

④ 具有一段引线或弯曲引线的文字注释。单击一次放置引线端点，绘制引线，然后单击光标（对于非换行文字）或者拖拽引线（对于换行文字）。

⑤ 二段引线的文字注释。单击一次放置引线端点，单击要放置引线转折的位置，然后通过单击光标（对于非换行文字）或者拖拽引线（对于换行文字）完成引线。

⑥ 创建列表，单击 "≣（段落格式）"，然后选择列表样式。

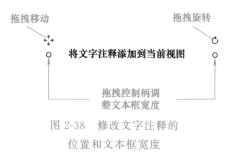

图 2-38　修改文字注释的
位置和文本框宽度

⑦ 输入文字后，在视图中的任何位置单击以完成文字注释。文字注释控制柄仍处于活动状态，以便修改文字注释的位置和文本框宽度，如图 2-38 所示。按 "Esc" 键两次结束该命令。

⑧ 如果增加或缩小视图比例的大小，文字注释会自动调整大小。

2.4.2　修改文字类型属性

在 "文字" 工具处于活动状态或在绘图区域中选择文字注释时，单击 "属性" 选项板上 "编辑类型" 工具，弹出文字 "类型属性" 对话框，如图 2-39 所示。在该对话框中可以选择文字注释的 "类型 T"，还可以对现有的文字注释进行修改，包括修改字体的颜色、大小、样式、宽度系数、背景是否透明等。在该对话框中还可以设置引线的参数及引线箭头的格式。

2.4.3　编辑文字注释

在绘图区域中选择文字注释，可执行下列操作：

① 添加引线。单击 "修改 | 文字注释" 选项卡→"格式" 面板，然后选择引线样式。指定一个附着点，根据需要拖拽引线点，然后在视图中的任何位置单击以完成编辑。

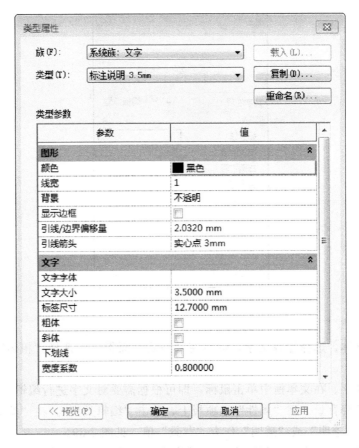

图 2-39　文字"类型属性"对话框

② 移动引线。单击"修改 | 文字注释"选项卡→"格式"面板，然后选择一个新的引线附着点。

③ 修改段落格式。选择注释文字，然后在"修改 | 文字注释"选项卡→"格式"面板上，从"☰（段落格式）"的下拉列表中选择样式，如图 2-40 所示。

④ 拖动注释。要移动文本框而不移动引线的箭头，可拖拽十字形控制柄。要移动引线，请沿着所需的方向拖拽其中的一个蓝色圆形控制点。如果要在引线上创建转折，可拖拽引线上的中心控制点。

⑤ 调整注释的大小。拖拽文字框上的某个圆形控制点以修改文字框的宽度。如果要按照非换行文字注释调整文本框的大小，则文字注释将变为换行的文字注释。

⑥ 旋转文字注释。使用旋转控制点旋转注释。

⑦ 修改文字对齐。单击"修改 | 文字注释"选项卡→"格式"面板，然后选择一个对齐选项（"左对齐""水平居中"或"右对齐"）。也可以在"属性"选项板上编辑"水平对齐"属性，如图 2-41 所示。

图 2-40　修改段落格式

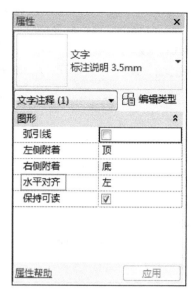

图 2-41 文字属性面板

⑧ 修改字体。选择注释文字，然后在"格式"面板上，选择"粗体""斜体"或"下划线"。

⑨ 编辑文字。在文本框中单击鼠标，即可根据需要对文字进行编辑。

⑩ 修改注释背景。在"属性"选项板上，单击"编辑类型"。在"类型属性"对话框中，指定"不透明"或"透明"作为"背景"值，见图 2-39。

⑪ 在"修改 | 文字注释"选项卡 → "格式"面板右侧的工具面板上，提供了"拼写检查"和"查找/替换"两个工具按钮。

2.5　导入 CAD 图形文件

Revit 与 AutoCAD 同属于 Autodesk 公司，两个软件之间可以达到无缝连接。在 Revit 中创建房屋模型时，AutoCAD 绘制的平面图可直接导入。另外，在 Revit 中创建较复杂的族文件时，也可利用 AutoCAD 绘制其轮廓。

Revit 导入 AutoCAD 图形的方式有两种：①导入 CAD（修改 CAD 不会对 Revit 产生影响，适用于 CAD 文件不会有变动的情况）；②链接 CAD（CAD 改变 Revit 也会随之改变，适合于 CAD 文件还在修改的情况下使用）。

2.5.1　导入 CAD 的步骤

导入 CAD 文件操作步骤如下。

(1) 处理好 CAD 文件

① 优化图面：关闭多余的图层。

② 清理多余的项目。

③ 通常一个 CAD 文件中包含多张图纸，如"一层平面图""二层平面图"等，需一一提取出来并依次导入到 Revit 不同的视图中。

(2) 将 CAD 文件导入到 Revit 中

① 单击"插入"选项卡→"导入"面板→"导入 CAD"，或单击"插入"选项卡→"链接"面板→链接 CAD，如图 2-42 所示。

图 2-42　导入 CAD 命令输入

② 选择文件。在"导入 CAD 格式"或"链接 CAD 格式"对话框中，定位到要链接或导入的文件所在的文件夹，如图 2-43 所示。

③ 指定导入或链接选项。选择图纸后，勾选"仅当前视图"（图纸只在该图层上显示）；颜色选择"保留"（建议）；图层/标高选择"全部"；导入单位选择"毫米"；定位

图 2-43　导入 CAD 格式

选择"手动-中心"（建议）。

④ 单击"打开（O）"。确认"打开"，将 CAD 图手动放置在适当的位置，完成导入。

2.5.2　注意事项

① CAD 文件离坐标轴较远，导致导入的图形离中心太远。

② 导入时没有勾选"仅当前视图"，导致某些平面中有多个 CAD 图。

③ Revit 中导入的 CAD 图形并不是模型的一部分。例如，前面导入的"一层平面图"，在 Revit 中只能把图形作为一条条图线来处理，并不能区别是墙、门、窗等。因此，在建模过程中，导入的 CAD 图形只能作为描绘模型构件的底图，在完成建模后可关闭导入 CAD 图形的可见性或将其删除。

第3章

族及内建模型

一座建筑物由很多构件组成，如墙体、楼板、屋面、柱子、梁、门窗、楼梯、台阶、阳台、雨篷等。Revit进行三维建模时，是通过创建和修改组合成建筑模型的这些构件（族）来完成的。

本章主要阐述族的基本概念、内建模型（内建族）及模型参数化的基本操作。

3.1 族 基 础

Revit中创建模型的最基本单元为族，所有添加到Revit项目中的构件（建筑构件、尺寸标注、标记、符号等）都是使用族创建的。族概念的引入，实现了Revit软件参数化的建模设计。

3.1.1 概述

Revit族是一个包含通用属性（称作参数）集和相关图形表示的图元组。属于一个族的图元部分或全部参数可能有不同的值，但是参数（其名称与含义）的集合是相同的。每个族图元可定义多种类型，每种类型可以具有不同的尺寸、形状、材质或其他参数变量。

3.1.2 族类型

(1) 系统族

系统族包含要在建筑现场装配的图元，如建筑模型中的墙、楼板、天花板和楼梯等。系统族还包含能影响项目环境的系统设置，如标高、轴网、图纸和视口等图元类型。

说明：

　　① 系统族已在Revit中预定义且保存在样板和项目中，而不是从外部文件中载入到样板和项目中。系统族不能创建、复制、修改或删除，但可以复制和修改系统族中的类型，创建自定义系统族类型。

　　② 系统族不能载入到样板和项目中，但可以在项目和样板之间复制和粘贴各个类型，也可以使用工具传递所指定系统族中的所有类型。

　　③ 系统族可以作为其他种类族的主体，这些族通常是可载入的族。例如，墙系统族可以作为标准构件门/窗部件的主体。

(2) 可载入族

与系统族不同，可载入族是在外部RFA文件中创建的，并可导入（载入）到项目中。可载入族是用于创建下列构件的族。

① 通过购买、提供并安装在建筑内和建筑周围的建筑构件，例如窗、门、橱柜、装置、家具和植物。

② 通过购买、提供并安装在建筑内和建筑周围的系统构件，例如锅炉、热水器、空气处理设备和卫浴装置。

③ 常规自定义的一些注释图元，例如符号和标题栏。

可载入族具有可自定义的特征。Revit 中包含一个内容库，可以用来访问软件提供的可载入族，保存用户创建的及网上获得的可载入族。

(3) 内建族

内建图元是在当前项目中创建的自定义图元。创建内建图元时，Revit 将为该内建图元创建一个族，该族包含单个族类型。内建族可以是特定项目中的模型构件，也可以是注释构件。只能在当前项目中创建内建族，因此它们仅可用于该项目特定的对象，例如，自定义墙的处理。创建内建族时，可以选择类别，且使用的类别将决定构件在项目中的外观和显示控制。

3.1.3 添加族

(1) 在项目中添加系统族

在项目中添加系统族，方式如下。

① 在功能区的相应选项卡上，单击要创建的图元，在"编辑类型"中，选择所需的族类型。例如：单击"建筑"选项卡→功能区"构建"命令面板→" (窗)"命令，在"属性"面板"编辑类型"中，根据实例属性选择要添加的窗，添加到项目中，如图 3-1 所示。

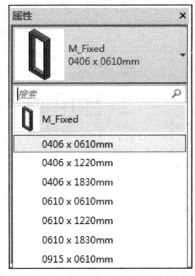

图 3-1　在"编辑类型"中添加窗

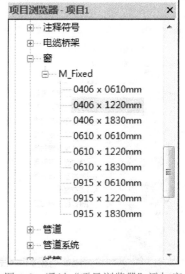

图 3-2　通过"项目浏览器"添加窗

② 在项目浏览器中单击要选择的族类别，在下级目录中选中类型后，用鼠标将其拖拽到绘图区域，如图 3-2 所示。也可以在选中的类型上单击鼠标右键，然后单击"创

建实例（I）"。

（2）载入族

① 单击"插入"选项卡→功能区"从库中载入"命令面板→" （载入族）"命令，弹出如图 3-3 所示"载入族"对话框，选择需要载入族类型及类别，定位到族库或族的位置。

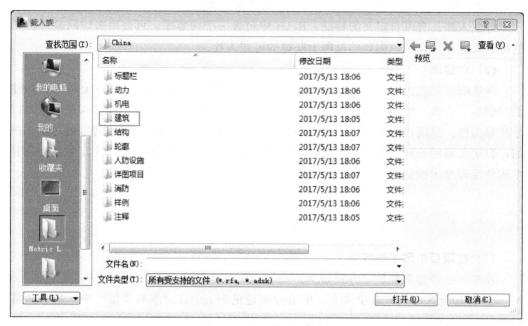

图 3-3 "载入族"对话框

② 选择族文件名，例如，在图 3-3 所示的对话框中，双击"建筑"→"窗"→"普通窗"→"推拉窗"，在图 3-4 所示对话框中选择"推拉窗 3-带贴面"，然后单击"打开"按钮。

图 3-4 载入"推拉窗"族

③ 单击"建筑"选项卡→功能区"构建"命令面板→"窗"命令后，在"属性"面板中，显示最新载入的族相关信息，如图3-5所示。

图 3-5 "推拉窗"属性面板

④ 单击"属性"面板上的"编辑类型"命令，在弹出的"类型属性"对话框中，可根据实例尺寸，设置窗的高度、宽度值；也可设置窗各部分的材质。

3.2 内建模型

Revit自身提供了很丰富的族库，可以直接载入使用，但具体工程中非标准图元和自定义图元还需通过内建族创建。虽然内建族只能适用于本项目，但族的创建思路基本一致。本节以内建族为例阐述族的创建过程。

内建模型是用来创建内建族的实体形状。内建模型主要包括形状和实心形状两种方式。其中实心形状用来创建实体模型，空心形状则用来剪切洞口。实心和空心形状都包括拉伸、融合、旋转、放样、放样融合五项功能。

单击"建筑"选项卡→"构件"下拉框→"内建模型"命令→"族类别和族参数"对话框→"常规模型"选项→"确定"按钮后，在功能区显示"形状"命令面板，如图3-6所示。

图 3-6 内建模型"形状"命令面板

3.2.1 实心拉伸

拉伸命令是通过拉伸二维形状（轮廓）来创建三维实心形状。可以在工作平面上绘制二维轮廓，然后拉伸该轮廓使其与绘制它的平面垂直。在拉伸形状之前，可以指定其

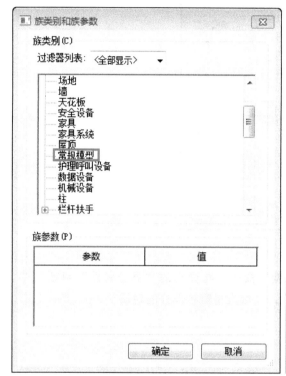

(a)"族类别和族参数"对话框

(b) 定义模型名称

图 3-7 "族类别和族参数"对话框

图 3-8 "拉伸"模型属性对话框

起点和终点，以增加或减少该形状的深度。默认情况下，拉伸起点是 0。工作平面不必作为拉伸的起点或终点，它只用于绘制草图及设置拉伸方向。

创建实心拉伸模型的操作步骤如下：

① 单击"建筑"选项卡→"构件"下拉选择框→"内建模型"命令，在弹出的"族类别和族参数"对话框中选择"常规模型"，如图 3-7（a）所示。在弹出的"名称"对话框中输入模型名称"拉伸模型"，如图 3-7（b）所示。单击"确定"，进入模型的草图绘制模式。

② 在功能区"形状"命令面板上单击"拉伸"命令后，在图 3-8 所示属性面板中，分别输入"拉伸终点"和"拉伸起点"的值，并对模型的可见性及材质进行设置。

③ 在功能区上下文选项卡的"绘制"命令面板中选择一种绘图工具（各种绘图工具的使用方法详见第 2 章）。本例以矩形轮廓为例，在屏幕上拖拽鼠标确定矩形的长、宽尺寸，如图 3-9（a）所示。

④ 单击"修改│创建拉伸"选项卡→"模式"面板 →"✔（完成编辑模式）"命令，结果如图 3-9（b）所示。

⑤ 通过"项目浏览器"进入三维视图，结果如图 3-9（c）所示。

⑥ 单击"修改│创建拉伸"选项卡→"在位编辑器"面板 →"✔（完成模型）"命令，保存模型并退出"内建模型"工具。

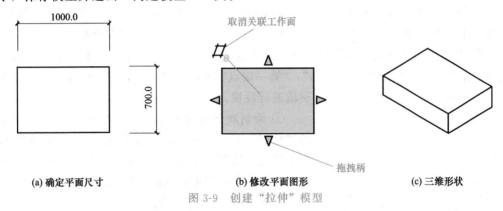

(a) 确定平面尺寸   (b) 修改平面图形   (c) 三维形状

图 3-9　创建"拉伸"模型

修改实心拉伸模型的操作如下：

① 图 3-9（b）中，在轮廓线各边的中心位置出现蓝色拖拽柄的图标，用鼠标沿垂直方向拖动，可改变模型的长、宽尺寸；同理，在三维视图中选择模型后，在各面的中心位置也会出现蓝色拖拽柄，用鼠标沿该面的垂直方向拖动，改变模型各方向的尺寸。

② 图 3-9（b）中，单击"取消关联工作面"按钮，可取消图元与工作平面的关联，当图元不再与工作平面关联时，可以自由移动图元，而不用受工作平面约束。要将图元与工作平面重新关联，使用功能区→"工作平面"命令面板中→"编辑工作平面"命令，指定新的工作平面。

> 注意：
>
> ① 选项栏的"深度"即模型的拉伸终点，可直接在此输入需要的高度。
>
> ② 平面图形的轮廓必须闭合。
>
> ③ 选择已创建轮廓，Revit 自动弹出"修改 拉伸"上下文选项卡，单击模式面板中的"编辑拉伸"按钮，可重新进入体量的草图绘制模式，编辑体量。此方法适用于所有方法创建的模型。
>
> ④ 在模型的草图绘制模式中创建多个模型，再单击"完成模型"，这样完成后的多个构件将作为一个整体，单击任一部分都将被全部选择。编辑单独模型需选择模型对象，单击功能区→"模型"命令面板中的"在位编辑"按钮，此时可单独选择一个单体，再单击"编辑拉伸"，可进入构件单体的草图编辑模式。

3.2.2 实心融合

融合命令所创建的实心三维形状是沿其长度发生变化，从起始形状融合到最终形状。创建三维形状时，可在起点和终点分别绘制不同形状的轮廓线，Revit 在两个不同的截面形状间融合生成模型。

创建实心融合模型的操作步骤如下：

① 单击"建筑"选项卡→"构件"下拉选择框→"内建模型"命令，在弹出的"族类别和族参数"对话框中选择"常规模型"，如图 3-7（a）所示。在弹出的"名称"对话框中输入模型名称"融合模型"，单击"确定"，进入模型的草图绘制模式。

② 在功能区"形状"命令面板上单击"融合"命令后，在图 3-10 所示属性面板中设置"第二端点"的值为"1500.0"，"第一端点"的值为"0.0"，并对模型的可见性及材质进行设置。

图 3-10 "融合"模型属性对话框

③ 绘制底部轮廓形状。在功能区上下文选项卡的"绘制"工具面板中选择内接多边形工具，在选项栏中设置多边形边数为 6，半径为 740，光标移动至绘图区域绘制六边形，如图 3-11（a）所示。

④ 绘制顶部轮廓形状。

a. 在功能区单击"模式"面板→"编辑顶部"命令。

b. 绘制参照平面。为使顶部的圆形与底部六边形的中心在同一条垂线上，要先绘制两个参照平面，确定顶部中心位置。单击"创建"选型卡→在"基准"工具面板→"参照平面"命令，在所画六边形上绘制两参照平面，如图 3-11（b）所示。

c. 单击"修改│创建融合顶部边界"选项卡，选择"绘制"面板下的"圆形"工具，回到绘图区域，以两参照平面的交点为圆心，画出半径为 530 的圆形，完成顶部轮廓的绘制，如图 3-11（c）所示。

⑤ 单击"修改│创建融合顶部边界"选项卡→"模式"面板 →"✔（完成编辑模式)"命令，进入三维视图，结果如图 3-11（d）所示。

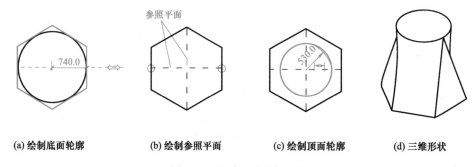

(a) 绘制底面轮廓　　(b) 绘制参照平面　　(c) 绘制顶面轮廓　　(d) 三维形状

图 3-11 创建"融合"模型

⑥ 单击"**修改 | 融合**"选项卡→"**在位编辑器**"面板 →"**✔**(完成模型)"命令,保存模型并退出"**内建模型**"工具。

说明:

　　① 在三维视图选择模型后,在模型底面和顶面中心位置,沿其长度方向会出现蓝色拖拽柄,用鼠标拖动,改变模型长度方向的尺寸。

　　② 在三维视图选择模型后,通过单击功能区"模式"命令面板的"**编辑顶部**"命令或"**编辑底部**",可修改模型顶面和底面的尺寸或形状。

3.2.3　实心旋转

　　旋转命令是通过围绕轴放样二维轮廓的方法创建三维模型。该命令的操作需要在同一个工作平面上分别绘制轴线和二维放样轮廓。

　　创建实心旋转模型的操作步骤如下。

　　① 单击"**建筑**"选项卡→"**构件**"下拉选择框→"**内建模型**"命令,在弹出的"族类别和族参数"对话框中选择"常规模型",如图 3-7(a)所示。在弹出的"名称"对话框中输入模型名称"旋转模型",单击"确定",进入模型的草图绘制模式。

　　② 在功能区"**形状**"命令面板上单击"**旋转**"命令后,在图 3-12 所示属性面板中设置"结束角度"值为"180.000°","起始角度值"值为"0.000°",并对模型的可见性及材质进行设置。

　　③ 绘制旋转轴。进入三维视图,单击功能区"**绘制**"命令面板上的"**轴线**"命令,画出竖直旋转轴线,如图 3-13(a)所示。

　　④ 绘制二维放样轮廓。单击功能区"**绘制**"命令面板上的"**边界线**"命令,使用"半椭圆""线"工具绘制半椭圆形,如图 3-13(b)所示。

　　⑤ 单击"**修改 | 创建旋转**"选项卡→"**模式**"面板 →"**✔**(完成编辑模式)"命令,

图 3-12　"旋转"模型属性对话框

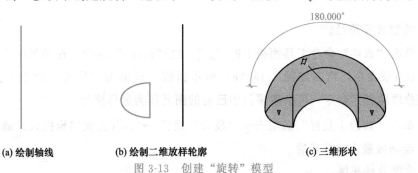

(a) 绘制轴线　　　(b) 绘制二维放样轮廓　　　(c) 三维形状

图 3-13　创建"旋转"模型

结果如图 3-13（c）所示。

⑥ 单击"修改 | 创建旋转"选项卡→"在位编辑器"面板 →"✔（完成模型）"命令，保存模型并退出"内建模型"工具。

> **注意：**
> ① 轴线的长度对旋转没有任何影响。
> ② 如果旋转轮廓需要在立面上绘制，要先使用"参照平面"工具绘制一参照平面，以确定绘制的立面在平面上的位置，然后单击常用选项卡"工作平面"面板下的"设置"按钮，在弹出的"工作平面"对话框中选择"拾取一个平面"选项，单击"确定"。光标单击刚刚绘制的参照平面，将弹出"转到视图"对话框，选择与刚刚绘制的工作平面平行的立面，即可开始绘制。工作平面也可以选择已有对象的表面，从线和共享工作平面的二维轮廓来创建旋转形状。

3.2.4 实心放样

放样命令可通过沿路径放样二维轮廓的方式创建三维模型。该命令需要分别绘制放样路径和二维放样轮廓。

创建实心放样模型的操作步骤如下。

① 单击"建筑"选项卡→"构件"下拉选择框→"内建模型"命令，在弹出的"族类别和族参数"对话框中选择"常规模型"，如图 3-7（a）所示。在弹出的"名称"对话框中输入模型名称"放样模型"，单击"确定"，进入模型的草图绘制模式。

② 在功能区"形状"命令面板上单击"放样"命令后，功能区中显示"放样"命令工具面板，如图 3-14 所示。

图 3-14 "放样"命令工具面板

③ 绘制放样路径。

a. 单击"放样"命令工具面板上的"✐（绘制路径）"命令，在功能区"绘制"面板中单击直线命令，绘制如图 3-16（a）所示折线。或单击"放样"命令工具面板上"✎（拾取路径）"命令，可拾取项目中已有的图元作为放样路径。

b. 单击"修改 | 放样"选项卡→"模式"面板 →"✔（完成编辑模式）"命令。

④ 绘制或载入放样轮廓。

a. 绘制放样轮廓。

ⅰ.单击"放样"命令工具面板中"轮廓"选项的"编辑轮廓"命令,在弹出的"转到视图"对话框中选择"立面:东"作为绘制的视图,如图3-15所示。单击"打开视图"按钮。

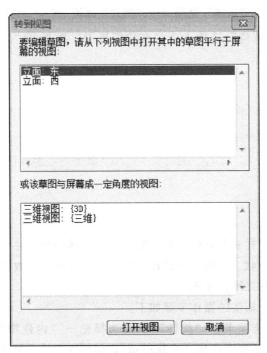

图 3-15 "转到视图"对话框

在东立面图上绘制五边形,如图3-16(b)所示。

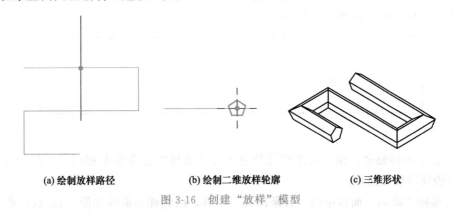

(a) 绘制放样路径   (b) 绘制二维放样轮廓   (c) 三维形状

图 3-16 创建"放样"模型

ⅱ.单击"修改|放样"选项卡→"模式"面板→"✔(完成编辑模式)"命令。

b. 载入放样轮廓。

ⅰ.单击"修改|放样"选项卡→"放样"面板,然后从"轮廓"列表中选择一个轮廓。

如果所需的轮廓尚未载入到项目中,单击"修改|放样"选项卡→"放样"面板→"🗔(载入轮廓)"命令,弹出"载入族"对话框,以载入该轮廓。

ⅱ.在选项栏上,使用"X""Y""角度"和"翻转"选项调整该轮廓的位置:

输入"X"和"Y"值，以指定轮廓的偏移；输入"角度"值，以指定该轮廓的角度，该角度使轮廓绕轮廓原点旋转，角度可以输入负值，以便按相反方向旋转；单击"翻转"翻转轮廓；单击"应用"。

ⅲ. 单击"修改 | 创建放样"选项卡→"模式"面板 →"✔ (完成编辑模式)"命令。

⑤ 单击"修改 | 放样"选项卡→"在位编辑器"面板 →"✔ (完成模型)"命令，结果如图 3-16 (c) 所示。

> **注意：**
>
> ① 当项目中有可以作为路径的线条或某实体边缘线时，可使用"拾取路径"工具。
>
> ② 选择"样条曲线"工具可绘制更自由的路径。

3.2.5 实心放样融合

放样融合集合了放样和融合的特点，通过设定放样路径，并分别为路径起点和终点绘制不同的截面轮廓形状，两截面沿路径自动融合生成模型。放样融合的形状由起始形状、最终形状和指定的二维路径确定。

创建实心放样融合模型的操作步骤如下。

① 单击"建筑"选项卡→"构件"下拉选择框→"内建模型"命令，在弹出的"族类别和族参数"对话框中选择"常规模型"，如图 3-7 (a) 所示。在弹出的"名称"对话框中输入模型名称"放样融合模型"，单击"确定"，进入模型的草图绘制模式。

② 在功能区"形状"命令面板上单击"放样融合"命令，功能区中显示"放样融合"命令工具面板，如图 3-17 所示。

图 3-17 "放样融合"命令工具面板

③ 绘制放样路径。绘制放样路径的方法与"放样"命令基本相同，本例用样条曲线命令绘制的放样路径。

a. 选择"绘制"面板中的"样条曲线"工具，绘制样条曲线如图 3-18 (a) 所示。

b. 通过按住并拖拽拐角处圆圈的图标，适当调整样条曲线的拐点位置。

c. 单击"修改 | 放样融合"选项卡→"模式"面板 →"✔ (完成编辑模式)"命令。

> **说明：**
>
> ① 当项目中有可以作为路径的线条或某实体边缘线时，可使用"拾取路径"工具。
>
> ② 放样融合工具的路径只能是一条单独的样条曲线、线或圆弧，而不能由多条线共同连接组成，而"放样"可以由多条连接的线条组成路径。

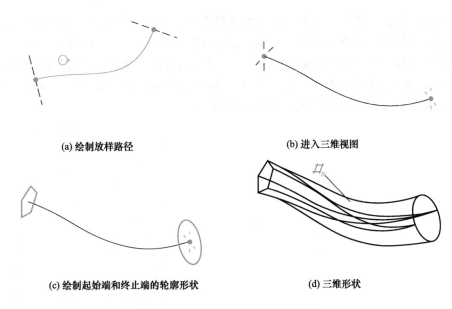

(a) 绘制放样路径   (b) 进入三维视图

(c) 绘制起始端和终止端的轮廓形状   (d) 三维形状

图 3-18　创建"放样融合"模型

④ 绘制起始端和终止端的轮廓形状。

a. 单击"放样融合"命令工具面板上的"编辑轮廓"命令，在弹出的"转到视图"对话框中选择"三维视图：{三维}"作为绘制的视图，单击"打开视图"按钮。屏幕显示如图 3-18（b）所示。

b. 在功能区"绘制"面板中选择相应的绘图命令，分别在放样路径左侧绘制五边形，在其右侧绘制椭圆，如图 3-18（c）所示。

> **注　意：**
>
> 在绘制完一侧的轮廓后，需单击"修改 | 放样融合"选项卡→"模式"面板 →"✔ （完成编辑模式）"命令后，点选另一端点后再绘制另一侧的轮廓。

c. 单击"修改 | 放样融合"选项卡→"模式"面板 →"✔ （完成编辑模式）"命令。

⑤ 单击"修改 | 放样融合"选项卡→"在位编辑器"面板 →"✔ （完成模型）"命令，结果如图 3-18（d）所示。

3.2.6　空心形状

使用"创建空心形状"工具来创建负几何图形（空心）以剪切实心几何图形。主要作用包括在族中建立空心形状，以及在项目中使用空心形状对实体构件进行剪切开洞。

（1）空心形状的创建
空心形状的创建方法有以下两种。
① 单击"建筑"选项卡→"构件"下拉选择框→"内建模型"命令→"常规模

型"→"空心形状"按钮，在下拉列表中选择命令。空心形状工具与实心形状完全相同，同样包含拉伸、融合、旋转、放样、放样融合 5 个命令，如图 3-19 所示。空心模型各命令的使用方法和对应的实心模型各命令的使用方法基本相同，此处不再阐述。

② 实心和空心的相互转换。在项目中选择实心模型，在"属性"面板的"属性"框中将"实心/空心"修改为空心，如图 3-20 所示。

图 3-19 "空心形状"命令

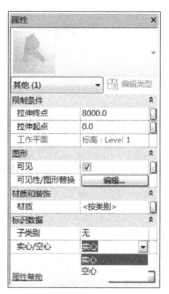

图 3-20 利用"属性"面板将实心
与空心相互转换

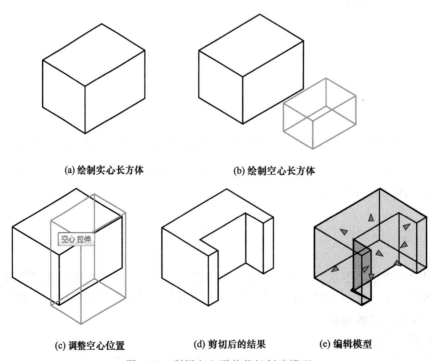

(a) 绘制实心长方体   (b) 绘制空心长方体

(c) 调整空心位置   (d) 剪切后的结果   (e) 编辑模型

图 3-21 利用空心形状剪切创建模型

（2）利用空心形状剪切创建模型

① 利用"实心拉伸"命令创建一个长方体，如图 3-21（a）所示。

② 利用"空心拉伸"命令，创建空心长方体，如图 3-21（b）所示。

③ 调整空心长方体的大小和位置使其与实心长方体相交，如图 3-21（c）所示。

④ 单击功能区"几何图形"工具面板→"□（剪切几何图形）"命令，在屏幕上首先选取实心长方体，然后点取用于剪切的空心长方体，结果如图 3-21（d）所示。

> **注意：**
> 在三维视图中，单击图 3-21（d）所示的模型后，在各面的中心位置会出现蓝色拖拽柄，用鼠标沿该面的垂直方向拖动，可改变模型（包括空心形状）各方向的尺寸，如图 3-21（e）所示。

（3）几何图形的剪切与连接

剪切：是用空心形状剪切几何图形，主要用来创建空心模型。

连接：是清理两个或多个图元所组成的公共表面的连接线。

❖ **【例】** 创建图 3-22 所示构件。

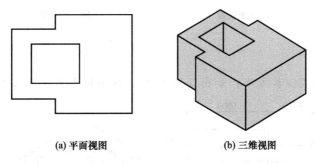

(a) 平面视图　　　　　　　　(b) 三维视图

图 3-22　剪切几何图形

① 单击"建筑"选项卡→"构件"下拉选择框→"内建模型"命令，在弹出的"族类别和族参数"对话框中选择"常规模型"。在弹出的"名称"对话框中输入模型名称"建筑构件"，单击"确定"，进入模型的草图绘制模式。

② 单击"创建"选项卡→"形状"面板→"□（拉伸）"命令，在选项栏中设置拉伸"深度"为：6000。进入楼层平面视图，单击"绘制"面板→"□（矩形）"命令，在绘图区按图 3-23（a）所示尺寸绘制矩形。单击"修改 | 创建拉伸"选项卡→"模式"面板 →"✔（完成编辑模式）"命令，进入三维视图，结果如图 3-23（b）所示。

③ 创建空心形状。单击"创建"选项卡→"形状"面板→"□（空心形状）"下拉列表→"□（空心拉伸）"命令，进入楼层平面视图，单击"绘制"面板→"□（矩形）"命令，在绘图区按图 3-24（a）所示尺寸绘制矩形。单击"修改 | 创建拉伸"选项卡→"模式"面板→"✔（完成编辑模式）"命令，进入三维视图，结果如图 3-24（b）所示。

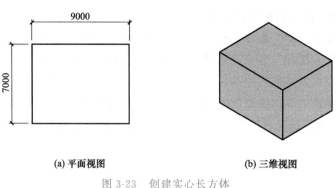

(a) 平面视图　　　　　　　(b) 三维视图

图 3-23　创建实心长方体

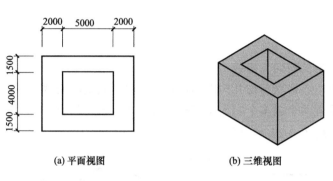

(a) 平面视图　　　　　　　(b) 三维视图

图 3-24　创建空心长方体

④ 创建右侧实心长方体，如图 3-25 所示，方法同本例步骤②。

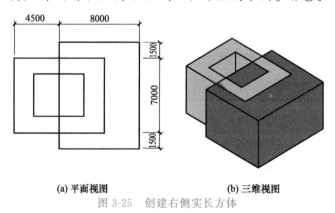

(a) 平面视图　　　　　　　(b) 三维视图

图 3-25　创建右侧实长方体

⑤ 连接两个几何图形（模型）。单击"几何图形"面板→"▭（连接几何图形）"命令，分别点取两个几何图形（不分先后顺序），结果如图 3-26 所示。

⑥ 单击"修改"选项卡→"几何图形"面板 →"剪切"下拉列表→"▭（剪切几何图形）"命令，首先选取本例步骤③所创建的空心形状，然后选取右侧长方体，结果如图 3-22 所示。

⑦ 单击"修改｜创建拉伸"选项卡→"在位编辑器"面板→"✔（完成模型）"命令，保存模型并退出"内建模型"工具。

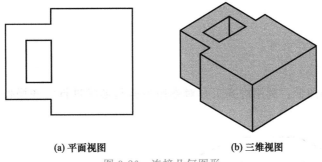

(a) 平面视图　　　　　　　　　　(b) 三维视图

图 3-26　连接几何图形

3.3　参数化模型

Revit 族是一个包含参数及图形的图元组，参数是族的重要信息，通过添加参数，可以创建动态的族类型。

3.3.1　布置参照平面

在创建族几何图形之前，首先绘制参照平面，由参照平面构成参数化框架。参照平面可为几何图形草图提供绘图基准。

① 根据创建的几何图形形状定位新参照平面。参照平面的主要作用是用于确定各几何要素及族原点（插入点）的相对位置。

② 命名每个参照平面。名称可以用来识别参照平面，以便能够选择它来作为工作平面。

③ 为参照平面指定属性，用以在族被放入项目后对参照平面进行尺寸标注。

要对创建的参数化关系进行标记，首先是在参照平面和线之间放置尺寸。参照平面是图形与尺寸及参数的纽带。

3.3.2　约束几何图形

在将几何图形添加到构件族时，需要将几何图形约束到参数化框架，即将几何图形草图约束到参照平面。

① 约束尺寸标注：在标注尺寸后，在绘图区域单击尺寸标注旁的锁定图标"　"。

> **注意：**
>
> 　锁定符号的用法类似于一个切换按钮，单击符号就可锁定或解锁限制条件。建议限制所有尺寸标注，以确保当前族在调整后的几何图形与

② 约束几何图形：利用对齐工具对参照平面与形状进行对齐操作，对齐后单击出现的打开的小锁。

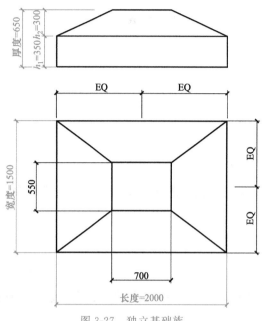

图 3-27　独立基础族

3.3.3　添加参数

创建族时，可以将带标签的尺寸标注指定为实例参数。当族实例放置在项目中时，这些参数是可修改的。下面以图 3-27 所示独立基础族为例，阐述在族中添加参数的方法。

① 用公制常规模型模板创建独立基础模型。

单击"应用程序菜单"→"新建"→"族"命令，在弹出的"新族-选择样板文件"对话框中，选取"公制常规模型 .rft"样板文件，如图 3-28 所示。

图 3-28　"新族-选择样板文件"对话框

② 进入族编辑器后，首先在"楼层平面（参照标高）"中绘制参照平面并标注尺寸，如图 3-29 所示。图中"EQ"（等分文字标签）的标注方法详见第 2 章。

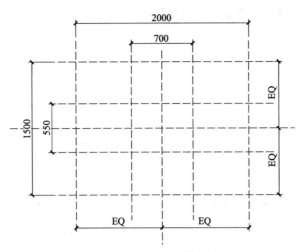

图 3-29　在楼层平面绘制参照平面

注 意：

尺寸"EQ"表示等分约束，目的是保持图元之间的等距关系，操作时，首先选择连续标注的两个（或多个）尺寸，然后单击尺寸标注外部显示的蓝色"EQ"图标即可，如图 3-29 所示。

③ 添加长度、宽度参数。

在屏幕上单击长度尺寸"2000"。选项栏显示如图 3-30 所示单击图 3-30"标签"编辑框下拉列表中"＜添加参数..＞"命令，则弹出图 3-31 所示"参数属性"对话框。

图 3-30　"标签"编辑框

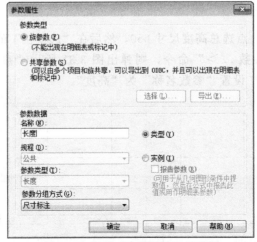

图 3-31　设置"参数属性"对话框

在"参数属性"对话框中,设置"参数名称"为"长度","参数分组方式"为"尺寸标注"。

单击"确定"按钮,屏幕显示结果如图 3-32 所示。

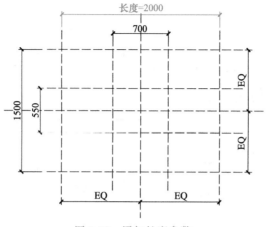

图 3-32　添加长度参数

用同样方法可添加宽度参数,此处略。

④ 添加高度参数。

在"项目浏览器"中,双击"立面"→"前立面"命令。

a. 绘制参照平面并标注尺寸,结果如图 3-33 所示。

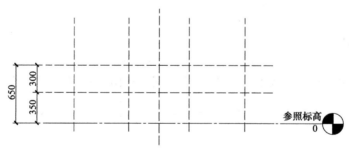

图 3-33　在前立面绘制参照平面

b. 添加高度参数。点选总高度尺寸 650,然后在"选项栏"的"标签"编辑框下拉列表中单击"<添加参数..>"命令,则弹出图 3-31 所示"参数属性"对话框。在"参数属性"对话框中,设置"参数名称"为"高度"。

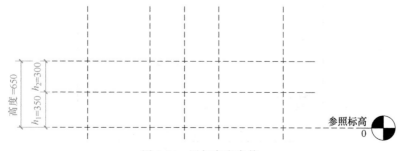

图 3-34　添加高度参数

另外两个参数"h1""h2"的添加方法与此相同,结果如图 3-34 所示。

注意:

为设置"h1""h2",在标注图中标注的尺寸 350、300,应分别进行标注,不可采用连续标注方式。

⑤ 绘制独立基础底部长方体。

在"项目浏览器"中,单击"楼层平面"→"参照标高"命令。

单击"创建"选项卡 → "形状"命令面板 → "拉伸"命令。在选项栏中设置拉伸"深度"为 350。在功能区"绘制"工具面板单击"矩形"命令,捕捉参照平面的交点画出矩形后,单击出现的打开的小锁,将矩形各边线约束到参照平面,如图 3-35 所示。

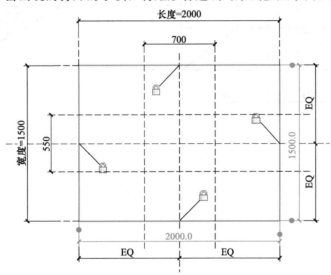

图 3-35　绘制独立基础底部长方体

注意:

族编辑器中创建构件模型的工具与在项目中创建"内建模型"工具的操作完全相同。

⑥ 绘制独立基础上部四棱台。

单击"创建"选项卡 → "形状"命令面板 → "融合"命令。在"属性"面板中设置"第二端点"为 650,"第一端点"为 350,拉伸"深度"为 300。参数设置好之后,按图 3-27 所示尺寸绘制四棱台底面。

在功能区单击"模式"面板→"编辑顶部"命令,在功能区"绘制"工具面板上单击"矩形"命令,捕捉参照平面的交点画出四棱台顶面矩形后,单击出现的打开的小锁,将矩形各边线约束到参照平面。

⑦ 单击"修改│创建融合"选项卡→"模式"面板 →"✔(完成编辑模式)"命令,如图 3-36 所示。

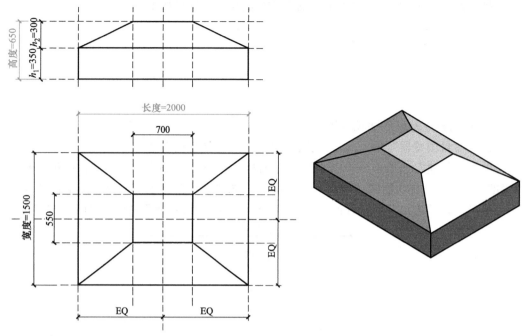

图 3-36　独立基础参数模型

第 4 章

标高和轴网

标高用于定义楼层层高及生成平面视图，它反映建筑物构件竖向的定位情况。标高不一定作为楼层层高。轴网用于确定建筑物主要支撑构件的定位。轴网与标高共同搭建建筑物的主体框架，为创建墙、门、窗、楼板、楼梯、屋面层等建筑模型构件的定位提供依据。

Revit 建模时，一般先创建标高，再创建轴网。这样在立面图和剖面图中，创建的轴线端点才能在顶层标高线之上，轴线与所有的标高线相交，在所有楼层平面和立面、剖面视图中显示。

4.1 标　　高

4.1.1　创建标高

单击"应用程序菜单"→"新建"→"项目"命令，弹出"新建项目"对话框，如图 4-1 所示。选择"建筑样板"，单击"确定"按钮，创建一个 Revit 项目文件，进入项目编辑界面。

图 4-1　利用系统提供的"建筑样板"文件创建新项目

在 Revit 中，"标高"命令必须在立面图和剖面图中才有效，因此在项目设计前，首先在项目浏览器中打开任意一个立面图，则显示 Revit 建筑样板文件中的默认标高，如图 4-2 所示。

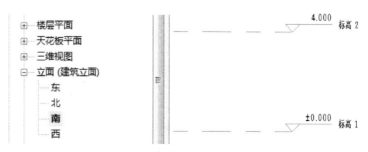

图 4-2　系统默认的"建筑样板"标高

（1）创建标高常用的方法

① 使用"标高"命令创建标高　单击"建筑"选项卡→"基准"面板→"标高"（标高）"命令，如图 4-3 所示。移动光标至绘图区内，在图 4-2 所示"标高 2"左端标头上方 3000mm 处，当出现绿色标头对齐虚线时，单击鼠标左键捕捉标高起点。向右拖动鼠标，直到再次出现绿色标头对齐虚线，单击鼠标完成新楼层的绘制，系统自动将其命名为"标高 3"，如图 4-4 所示。

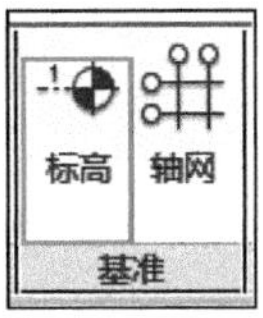

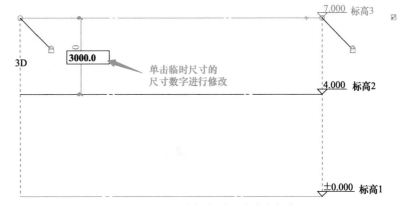

图 4-3　基准命令面板

图 4-4　通过编辑临时尺寸确定标高

注意：

a. 使用该命令绘制新的标高，屏幕上出现的临时尺寸单位为毫米，也可通过直接输入数字来确定"标高 3"的位置，如图 4-4 所示。

b. 绘制标高后，在屏幕上单击标高 3，蓝显后单击标高符号中的高度值，如输入"7"，则"标高 3"的楼层高度位为"7.000m"，如图 4-5 所示。标高值的单位为"米"，临时尺寸的单位为"毫米"，要注意区别。

c. 选项栏中勾选"创建平面视图"，则绘制的标高自动在项目浏览器中生成"楼层平面"视图，否则创建的标高为参照标高。

d. 标高命名为系统自动命名，一般按最后一个文字或数字、字母等的顺序排序。如标高 1、标高 2、标高 3、…，F1、F2、F3…

② 使用"复制"命令创建标高　在绘图区内点选已有标高，在功能区"修改"命令面板上点选"复制"命令。在选项栏中勾选"约束"（可垂直或水平复制标高）和"多个"（可连续多次复制标高）选项，单击"标高 3"上一点作为起点，向上拖动鼠标，直接输入临时尺寸值，回车则完成标高的复制，如图 4-6 所示。继续向上拖动鼠标输入数值，则可复制多个标高。

③ 使用"阵列"命令创建标高　使用"阵列"创建标高，适用于一次绘制多个等距的标高。在功能区"修改"命令面板上点选"阵列"命令，其选项栏如图 4-7 所示。

a. 勾选"成组并关联"，则阵列的标高为一个模型组，如果要编辑标高，需要解组

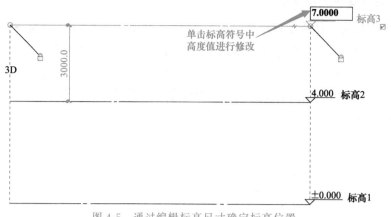

图 4-5 通过编辑标高尺寸确定标高位置

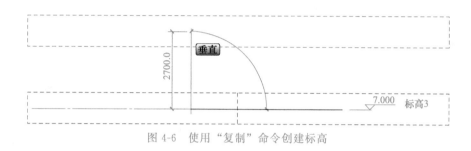

图 4-6 使用"复制"命令创建标高

图 4-7 "阵列"命令选项栏

后才可编辑。

b. "项目数"为包含原有标高在内的数量。

c. 勾选"移动到第二个"则在输入标高间距"3000"确定后，新创建的多个标高间距均为 3000mm。若勾选"最后一个"，则新创建的多个标高中最上面的标高到原有标高间的距离为 3000mm。

(2) 添加楼层平面

使用"复制"或"阵列"命令创建的标高是参照标高，在项目浏览器中的"楼层平面"项不显示，如图 4-8 所示。

在项目浏览器中添加标高 4、标高 5 的方法：点击"视图"选项卡→"创建"命令面板→"平面视图"选项→"楼层平面"命令，在弹出的"新建楼层平面"对话框中，选择"标高 4""标高 5"，点击"确定"按钮，如图 4-9 所示。此时，项目浏览器中的显示如图 4-10 所示。

4.1.2 编辑标高

编辑标高，主要是指修改标高的外观及位置。标高的组成如图 4-11 所示。

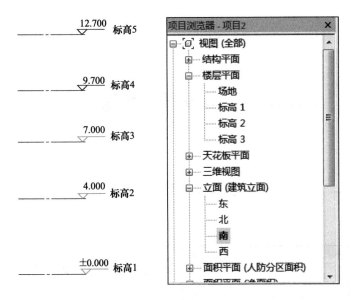

图 4-8 "项目浏览器"中不显示"复制""阵列"标高

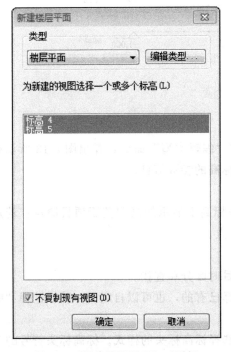

图 4-9 "新建楼层平面"对话框

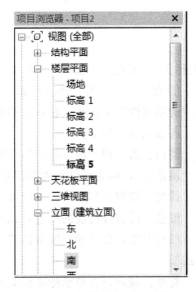

图 4-10 添加楼层平面后的
"项目浏览器"

(1) 设置标高类型

① 设置标高符号样式 激活"标高"命令后，单击"属性"面板上方"类型选择器"下拉列表三角箭头，显示"上标头""下标头"和"正负零标高"三个选项，如图 4-12 所示。一般情况下，建筑标高零点的标注，选择"正负零标高"；零点以上选择

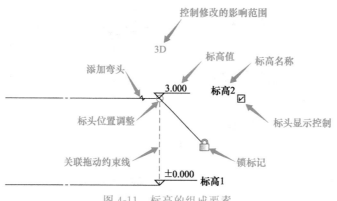

图 4-11　标高的组成要素

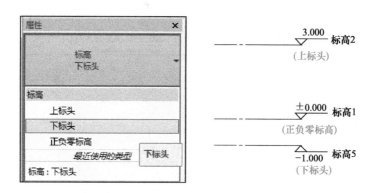

图 4-12　设置标高类型

"上标头"；零点以下选择"下标头"。

②修改标高参数　单击"属性"面板上方"编辑类型"命令，弹出图 4-13 所示标高"类型属性"对话框，在该对话框中可修改标高的参数信息。

各参数说明如下。

基面：若选择"项目基点"，则表示在某一标高上显示的高程基于项目原点；若选择"测量点"，则表示显示的高程基于固定测量点。

线宽：设置标高线的粗细程度。

颜色：设置标高线的颜色，以便在创建项目时区分和查找。

线型图案：设计标高线条的线型，可以选择已有的，也可以自定义，建议选择"中心线"。

符号：确定是否显示标高标头符号，以及选择标高标头的样式。标高标头符号的设置如图 4-14 所示。端点 1 处的默认符号：勾选则标高线的起点一侧放置标头；端点 2 处的默认符号：勾选则标高线的终点一侧放置标头。

(2) 标高标头的编辑

①编辑"标头显示控制"　在屏幕上勾选"标头显示控制"图标，则在屏幕上显示标头、标高值以及标高名称等信息，若不勾选，信息被隐藏，如图 4-15 所示。

"标头显示控制"图标是一个切换按钮，单击符号就可打开或关闭显示。

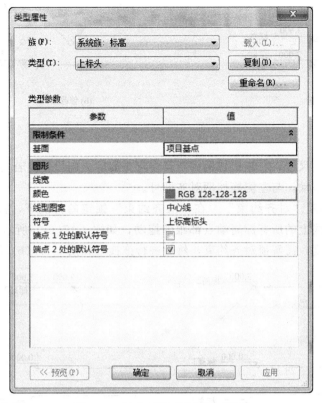

图 4-13 标高"类型属性"对话框

图 4-14 标高标头符号的设置

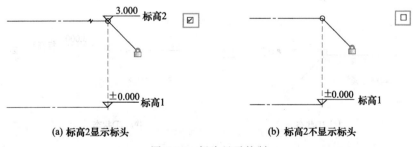

(a) 标高2显示标头　　　　　　　　　(b) 标高2不显示标头

图 4-15 标头显示控制

  ② 添加弯头 如绘制标高时两个标高距离太近，可单击"添加弯头"符号进行调整，如图 4-16 所示。添加弯头后，在弯头的斜线上出现两个拖拽柄，左侧拖拽柄用来

图 4-16　添加弯头

调整弯头长度方向尺寸，右侧拖拽柄用于调整弯头高度方向尺寸。若要取消弯头，可将右侧拖拽柄向下拖动，与左侧拖拽柄对齐即可。

③ 锁定、解锁"对齐约束"　在"对齐约束"锁定的情况下，拉动端点拖拽柄，可看到对齐约束线上的所有标高端点都跟随拖动，如图 4-17（a）所示；若只想拖动某一条标高线的长度，需解锁对齐约束，然后进行拖拽，如图 4-17（b）所示。

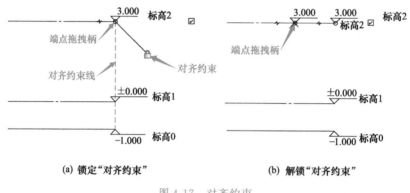

图 4-17　对齐约束

④ 2D/3D 切换　标高的显示状态分为 3D 和 2D 两种状态。3D 状态下，标高端点拖拽柄显示为空心圆；2D 状态下，标高端点拖拽柄显示为实心点，如图 4-18 所示。2D 与 3D 的区别在于：2D 状态下所做的修改仅影响本视图，3D 状态下所做的修改将影响所有平行视图。

图 4-18　2D/3D 切换

⑤ 标高重命名　屏幕上点击标高文字处，在文字编辑框中输入新标高名称，如图 4-19 所示。

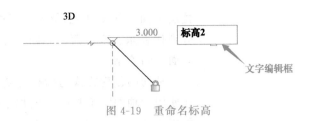

图 4-19　重命名标高

重命名后，按回车键或在屏幕空白处单击鼠标，弹出图 4-20 所示"Revit"对话框，点击"是"按钮，将名称的修改应用到相应视图。

图 4-20　"Revit"对话框

4.2　轴　网

4.2.1　创建轴网

"轴网"一般在楼层平面图中绘制，点击"项目浏览器"→"楼层平面"中的相关

图 4-21　切换至相关楼层平面

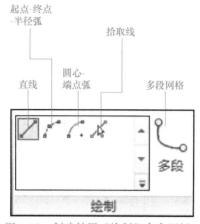

起点-终点
-半径弧

拾取线

直线

圆心-
端点弧

多段网格

多段

绘制

图 4-22　创建轴网"绘制"命令面板

楼层平面，如图 4-21 所示。图中四个"小眼睛"分别代表东、南、西、北四个立面，轴网在四个立面之间绘制。

轴网的创建方式与标高的创建方式基本相同。在使用"轴网"工具时，增加了弧形轴线和多段网格工具。

（1）使用"轴网"工具创建轴网

单击"建筑"选项卡→"基准"功能区→"〔轴网〕"命令，功能区上下文选项卡中显示"绘制"命令面板，如图 4-22 所示。

"直线"工具／：在绘图区内分别点取两点绘制一条直线来创建轴线。

"起点-终点-半径弧"工具、"圆心-端点弧"工具：使用画圆弧的命令创建一条曲线轴线。

拾取线工具：通过拾取一条线来创建轴线。

多段网格工具：用以绘制由多条线组成的轴线。

① 绘制直线轴网　单击"修改｜放置 轴网"上下文选项卡→"绘制"命令面板→"直线"命令，在绘图区绘制第一条垂直轴线，轴号为 1，如图 4-23（a）所示。

将光标指向第一条轴线的端点，向右拖动鼠标，光标与第一条轴线之间会显示一个临时尺寸标注，同时自端点出现一条绿色对齐虚线，单击鼠标左键绘制轴线起点，向上拖动鼠标，至第一条轴线的另一端点高度再次出现绿色标头对齐虚线，单击鼠标完成第二条轴线的绘制，轴号为 2，如图 4-23（b）所示。完成绘制后，连续按两次"Esc"键退出轴网绘制工具。

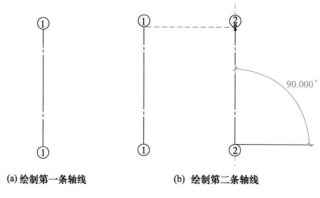

(a) 绘制第一条轴线　　　　　(b) 绘制第二条轴线

图 4-23　绘制垂直轴线

② 绘制弧形轴线

a."起点-终点-半径弧"方式：单击"修改｜放置 轴网"上下文选项卡→"绘制"命令面板→"起点-终点-半径弧"命令，在绘图区内，单击确定弧形轴线的起点后，移动光标显示两点之间的尺寸值，以及两端点连线与水平方向的角度，如图 4-24（a）所示。

根据临时尺寸中的参数值单击确定终点位置，同时移动光标确定圆弧的方向及半径（可由键盘直接输入半径值），如图 4-24（b）、（c）所示。当确定半径参数后，点击完成弧线绘制，如图 4-24（d）所示，此状态下可修改轴线的外观及位置。

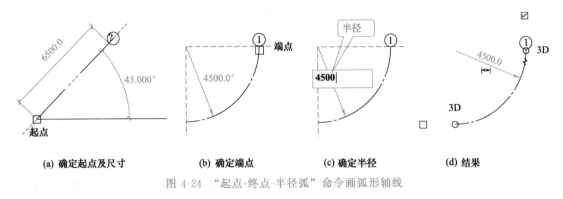

(a) 确定起点及尺寸   (b) 确定端点   (c) 确定半径   (d) 结果

图 4-24 "起点-终点-半径弧" 命令画弧形轴线

b. "圆心-端点弧" 方式：单击 "修改 | 放置 轴网" 上下文选项卡→"绘制" 命令面板→"圆心-端点弧" 命令；在绘图区内，单击确定弧形轴线的圆心后，移动光标显示半径及与水平方向的角度，如图 4-25（a）所示；单击鼠标确定圆弧的起点及半径后，确定第二个端点的位置，如图 4-25（b）所示；单击完成弧形轴线的绘制，如图 4-25

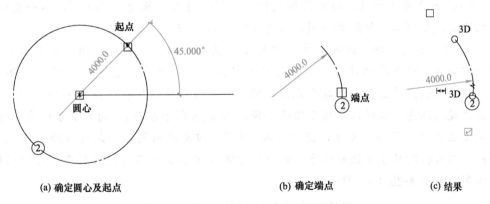

(a) 确定圆心及起点   (b) 确定端点   (c) 结果

图 4-25 "圆心-端点弧" 命令画弧形轴线

（c）所示，此状态下可控制轴线的外观及位置。

③ 绘制多段轴网 单击 "修改 | 放置 轴网" 上下文选项卡→"绘制" 命令面板→"多段" 命令，进入 "修改 | 编辑草图" 选项卡，在 "绘制" 命令面板上提供了创建多段轴网的工具，如图 4-26 所示。

将图 4-26 所示的多段网格 "绘制" 命令面板上的各种命令组合使用，可得到由多段线构成的连续轴线。

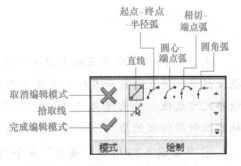

图 4-26 多段网格 "绘制" 命令面板

❖【例 4-1】 完成图 4-27 所示的轴网。

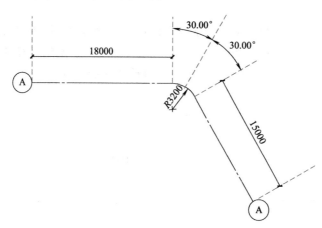

图 4-27 多段线构成的轴网

分析：A 轴由三段轴线组成，分别是左侧水平轴线、中间弧形轴线、右侧倾斜轴线；可使用"多段网格"命令连续画出，自动成组为一个整体。

作图步骤：

① 单击"修改 | 放置 轴网"上下文选项卡→"绘制"命令面板→"多段"命令，进入"修改 | 编辑草图"选项卡，在"绘制"命令面板上单击"直线"命令。

② 屏幕上单击一点，向右拖拽鼠标，设置临时尺寸长为"18000"，单击鼠标，完成Ⓐ轴线左侧水平轴线的绘制，如图 4-28（a）所示。

③ 在"绘制"命令面板上单击"圆心-端点弧"命令，光标指向已画出水平轴线的右端点，向下拖动鼠标，光标与水平轴线右端点之间会显示一条绿色对齐虚线，在适当位置单击鼠标临时指定圆弧的圆心，向上拖动鼠标，在水平轴线右端点单击左键（注意：临时尺寸显示圆弧半径与图 4-28 所示不符），向右下方拖拽鼠标，屏幕上显示中心角临时尺寸，键盘输入"60"，回车画出圆弧。此处应修改圆弧的半径，单击临时尺寸半径的数字，利用键盘输入 3200，回车完成Ⓐ轴中间弧形轴线的绘制，如图 4-28（b）所示。

> **注意：**
>
> 修改半径后，圆弧中心角大小及左侧水平轴线的长度均有变化，需进行调整。

④ 在"绘制"命令面板上单击"直线"命令，点击弧形轴线右端点，向右下方拖拽鼠标，屏幕上显示直线的长度及与水平方向所成角度两个临时尺寸，移动鼠标调整尺寸数值，使长度为"15000.0"、角度为"60.000°"，点击鼠标左键，完成 A 轴右侧倾斜轴线的绘制，如图 4-28（c）所示。

⑤ 单击图 4-26 所示"模式"命令面板上"✔（完成编辑模式）"命令，结果如图 4-28（d）所示。

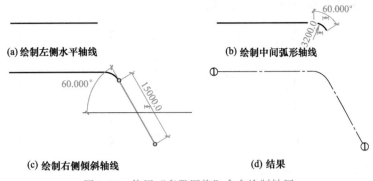

(a) 绘制左侧水平轴线　　　　　　　　(b) 绘制中间弧形轴线

(c) 绘制右侧倾斜轴线　　　　　　　　(d) 结果

图 4-28　使用"多段网络"命令绘制轴网

(2) 使用"复制"命令创建轴网

使用复制命令创建轴网，指定轴间距有两种方法，一种是使用鼠标在屏幕上拾取，另一种是通过键盘输入距离，具体操作如下。

① 使用"直线"命令创建 1 号轴线，如图 4-29 (a) 所示。

② 选择已有的 1 号轴线，屏幕上出现虚线选择框及图元的中心线。单击"修改"面板的"复制"命令，在 1 号轴线上单击捕捉一点作为复制参考点，然后水平向右移动光标，观察标注的临时尺寸，调整鼠标的位置，如图 4-29 (b) 所示。

> **注意：**
>
> 　　使用复制功能时，勾选选项栏中的"约束"，可以垂直复制轴网，勾选"多个"可单次连续复制。

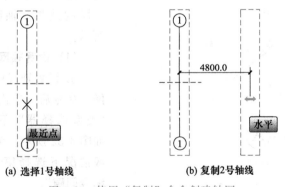

(a) 选择1号轴线　　　　　　　　(b) 复制2号轴线

图 4-29　使用"复制"命令创建轴网

(3) 使用"阵列"命令创建轴网

创建多条等间距轴网时，可使用阵列命令，其操作过程如下：

① 使用"直线"命令创建 1 号轴线，如图 4-30 (a) 所示。

② 选择已有的 1 号轴线，单击"修改"面板的"阵列"命令，在选项栏中取消勾选"成组并关联"选项；设置"项目数：5"；移动位移"移动到：第二个"。

③ 在 1 号轴线上单击捕捉一点作为复制参考点，然后水平向右移动光标，屏幕上修改临时尺寸数值为 3600，如图 4-30 (b) 所示。

④ 回车。完成轴网如图 4-30（c）所示。

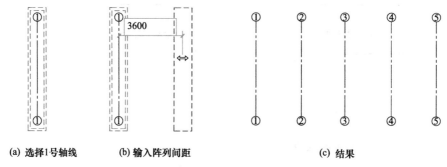

 (a) 选择1号轴线 (b) 输入阵列间距   (c) 结果

图 4-30　使用"阵列"命令创建轴网

> **注 意：**
>
>   ① 国家标准规定：平面图中横向轴线的编号，应用阿拉伯数字从左至右顺次编写；竖向轴线的编号，用大写拉丁字母（I、O、Z 除外）从下至上顺次编写。
>
>   ② 绘制的轴线自动标注轴号，出现 I、O、Z 字母，需手动修改。

4.2.2　编辑轴网

轴网与标高一样，可以改变显示的外观效果。与标高的不同点在于轴网为楼层平面的图元，可以在各个楼层平面中设置不同的效果。轴网的组成如图 4-31 所示。

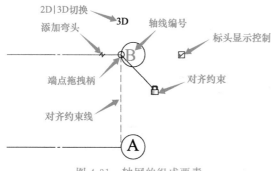

图 4-31　轴网的组成要素

(1) 设置轴网属性

① 设置轴线样式　激活绘制"轴网"命令后，单击"属性"面板上方"类型选择器"下拉列表三角箭头，如图 4-32 所示。为保证图面清晰，一般情况下选择第三种类型"6.5mm 编号间隙"。

© 绘制连续的轴线
® 轴线两端为实线，中间为点画线
④ 轴线中间是断开的

图 4-32　轴网"类型选择器"对话框

② 修改轴线参数　单击"属性"面板上方"编辑类型"命令，弹出图 4-33 所示轴网"类型属性"对话框，在该对话框中可修改轴网的参数信息。

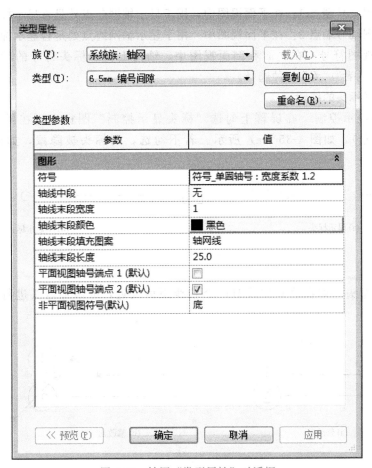

图 4-33　轴网"类型属性"对话框

各参数说明如下。

符号：确定是否显示轴线标头符号，以及选择轴线标头的样式。轴线的标头样式如图 4-34 所示。

图 4-34　轴线标头符号的设置

轴线中段：在轴网中显示轴网中段的类型，有"连续""无""自定义"3 种类型。

轴线末段宽度：表示轴线的宽度。

轴线末段颜色：表示轴线的颜色。

轴线末段填充图案：若轴线中段选择为"自定义"类型，则使用填充图案来表示轴网中段的样式类型。

轴线末段长度：若轴线中段选择为"无"类型，则轴线两侧随轴线末端长度设置的参数绘出长度。

平面视图轴号端点1：在平面视图中，用于显示轴网起点处是否显示标头符号。

平面视图轴号端点2：在平面视图中，用于显示轴网终点处是否显示标头符号。

非平面视图符号：在立面和剖面视图中，轴网上显示标头符号的默认位置。有"顶""底""两者""无"4种选择。

（2）轴线标头的编辑

① 标头显示控制　在屏幕上勾选"标头显示控制"图标，则在屏幕上显示标头（轴线编号），如图4-35（a）所示。若不勾选，则标头被隐藏，如图4-35（b）所示。

(a) 显示标头　　　　　　　　　　　　　　(b) 不显示标头

图4-35　标头显示控制

② 添加弯头　如在绘制轴线时两个轴线距离太近，可添加弯头进行调整，如图4-36所示。

(a) 修改前　　　　　　　　　　　　　　(b) 修改后

图4-36　轴线弯头

③ 锁定、解锁"对齐约束"　在"对齐约束"锁定的情况下，拉动端点拖拽柄，可看到对齐约束线上的所有轴线端点都跟随拖动，如图4-37（a）所示；若拖动某一条轴线的长度，则需要解锁对齐约束，然后再拖拽，如图4-37（b）所示。

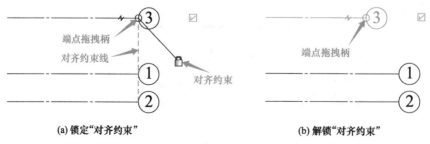

(a) 锁定"对齐约束"　　　　　　　　　　(b) 解锁"对齐约束"

图4-37　对齐约束

④ 2D/3D切换　轴线的显示状态分为3D和2D两种，3D状态下，轴线端点拖拽柄显示为空心圆；2D状态下，轴线端点拖拽柄显示为实心点，如图4-38所示。2D与3D的区别在于：2D状态下所做的修改仅影响本视图，3D状态下所做的修改将影响所有平

行视图。

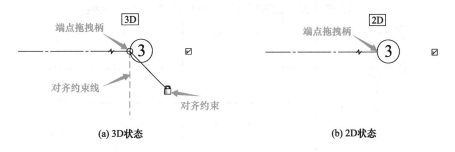

图 4-38 2D/3D 切换

⑤ 轴线重命名 对轴线进行重新标号，可在屏幕上点击轴号文字处，在文字编辑框中输入新的轴线编号，如图 4-39 所示。

(3) 使用"范围框"编辑轴网

如图 4-40 所示，底部带有裙房的建筑，在绘制轴网时，高、低层轴网的布局不同，利用"视图"选项卡的"范围框"命令，可以方便地对轴网进行编辑。

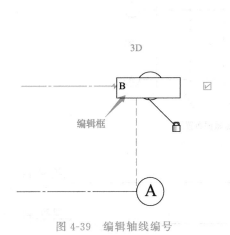

图 4-39 编辑轴线编号

图 4-40 带有裙房的建筑

范围框的作用是控制特定视图中基准图元（轴网、标高和参照线）的可见性。范围框的操作步骤：

① 创建范围框；

② 将范围框应用于指定的视图。

下面通过实例操作，阐述视图标高、轴网及"范围框"的应用。

◆【例 4-2】 某建筑共 6 层，第一、二层层高为 4.8m；第三～六层层高为 3.3m。第一、二层平面中的轴网布置如图 4-41（a）所示；第三～六层平面中的轴网布置如图 4-41（b）所示。试完成该建筑标高和轴网的绘制。

① 创建标高，如图 4-42 所示。

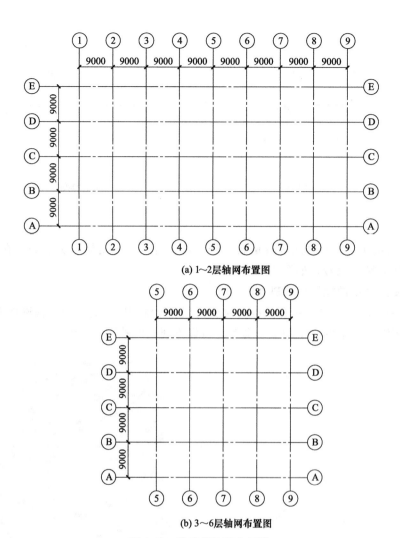

(a) 1~2层轴网布置图

(b) 3~6层轴网布置图

图 4-41　某建筑轴网布置图

图 4-42　创建某建筑标高

操作提示：

a. F1、F2 可利用样板图提供的标高进行编辑，并修改其标头名称。

b. F3 使用"复制"命令创建。

c. F4、F5、F6、F7 使用"阵列"命令创建。

d. 使用"视图"→"平面视图"→"楼层平面"命令，将 F3、F4、F5、F6、F7 楼层平面添加到"项目浏览器"中。

② 在标高 1 层创建轴网，见图 4-41（a），操作过程略。

③ 进入标高 4 楼层平面，单击"视图"选项卡→"创建"面板→"范围框"命令，在其上绘制"范围框"，如图 4-43 所示。用鼠标拖拽四周的"拖拽柄"，可调整范围框的大小和位置。

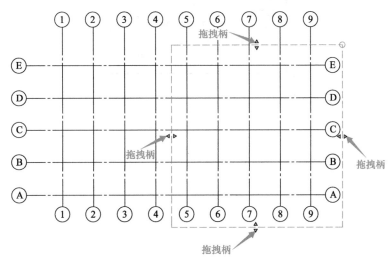

图 4-43 创建并修改"范围框"

④ 在范围框"属性"面板中将其命名为"3-6 层范围框"，如图 4-44 所示。

⑤ 在楼层平面"属性"面板中，用鼠标向下拖拽其右侧滚动条，在"范围"选项栏中单击"范围框"右侧编辑框中下拉选择框三角箭头，点选"3-6 层范围框"，如图 4-45 所示。

⑥ 单击图 4-45 下方"应用"按钮，结果如图 4-41（b）所示。

⑦ 同理，在"项目浏览器"中，同时选中 F5、F6、F7，在"楼层平面"属性面板中，将其"范围框"改为"3-6 层范围框"，单击"应用"按钮。分别进入 F5、F6、F7 楼层平面视图，其轴网显示与 F4 完全相同。

图 4-44 范围框"属性"面板

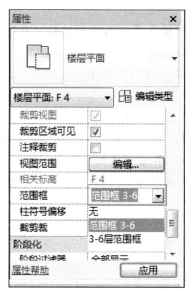

图 4-45 在楼层平面"属性"面板中选择"范围框"

第5章

墙体和幕墙

墙是 Revit 进行三维建筑设计的基础，它不仅是建筑空间的分格主体，也是楼板、门、窗、卫浴、灯具等设备的承载主体。因此，绘制标高和轴网后，需创建墙体构件。

5.1　墙　　体

5.1.1　墙体的类型

在平面视图中，单击"建筑"选项卡→"构建"面板→"墙"命令的下拉列表按钮，弹出如图 5-1 所示下拉列表。墙的类型有"墙：建筑""墙：结构""面墙""墙：饰条""墙：分隔缝"五种，"墙：饰条"和"墙：分隔缝"只有在三维视图下才能激活亮显，用于墙体绘制后的装饰。

图 5-1　创建"墙"命令下拉列表

墙：建筑：在建筑模型中创建的非结构墙。

墙：结构：在建筑模型中创建的承重墙或剪力墙。

面墙：可以用体量面或常规模型来创建的墙。

墙：饰条：在编辑垂直复合墙的结构时，使用"墙：饰条"工具来控制墙饰条的放置和显示。

墙：分隔缝：使用"墙：分隔缝"工具将装饰用"水平剪切""垂直剪切"添加到立面视图或三维视图中的墙。

5.1.2　墙体的参数设置

在楼层平面视图或三维视图中，单击"建筑"选项卡→"构建"面板→"墙"下拉列表→" （墙：建筑）"命令，进入工作界面。

(1) 选择墙类型

单击"属性"面板"类型选择器"下拉列表，显示图 5-2 所示系统中提供的"墙"类型列表，分为叠层墙、基本墙、幕墙三种类型。所有的墙类型都是通过这 3 种系统族，建立不同样式和参数来定义的。

各种类型墙说明如下。

叠层墙：由叠放在一起的两面或多面墙组合成的墙体。

基本墙：在构建过程中常用的垂直结构构造墙体，使用频率很高。

幕墙：附着到建筑结构，不承担建筑楼板或屋顶荷载的一种外墙。

(2) 墙"类型属性"

单击"属性"面板上的"编辑类型"命令，弹出图 5-3 所示墙"类型属性"对话框，在该对话框中可修改墙的类型参数信息。

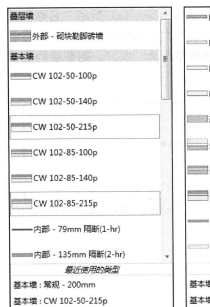

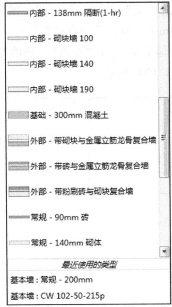

图 5-2 系统提供的"墙"类型列表

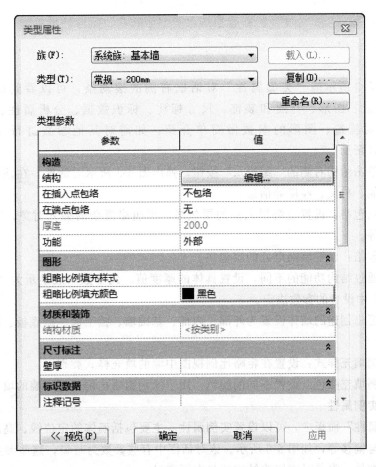

图 5-3 墙"类型属性"对话框

创建新的墙"类型"，单击"复制（D)..."按钮，弹出图5-4（a）所示"名称"对话框，因为是复制"常规-200mm"墙，系统自动提供一个"常规-200mm 2"的类型名称，可根据需要进行修改。如墙的类别为"外墙"，墙的厚度为"250"，则新墙的类别名称为"外墙- 250"，如图5-4（b）所示。

(a) 系统自动命名　　　　　　　　　　　　　(b) 自定义类别名称

图5-4　新建墙"类型"

注意：

　　Revit 中图元基本都是用类型来划分的，Revit 没有提供创建新类型的方法，因为类型的属性和参数很多，创建新的类型需要使用相关软件编程，所以 Revit 不直接创建一个新类型，而是从一个已有类型中复制一个类型，所有的属性和参数都从原类型中获得，然后根据需要修改一些属性、参数的值，实现想要的类型。

拖拽图5-3所示墙"类型属性"对话框右侧的滚动条，可以看到墙"类型参数"包含构造、图形、材质和装饰、尺寸标注、标识数据、分析属性、其他等参数，本节只对构造、图形的参数做简单介绍，如需对其他参数进行设置，可按"F1"键获取帮助。

结构：单击结构右侧的"编辑..."按钮，弹出图5-5所示对话框，在该对话框可设置墙体的功能、材质、厚度等信息。

在插入点包络：设置卫浴插入点的层包络，可包络复杂的插入对象，如非矩形对象、门和窗等。

在端点包络：设置墙端点处的层包络。

厚度：通过结构功能的不同，设置具体的厚度值。此参数一般显示为"灰色"。其大小由图5-5中设置的参数决定。

功能：可将创建的墙体设置为外部、内部、基础墙、挡土墙、檐底板、核心竖井等类别。

粗略比例填充样式：设置在粗略比例视图中墙的填充样式类别。

粗略比例填充颜色：设置不同的颜色，用于区别粗略比例视图中墙的填充样式。

（3）墙实例属性

在墙"属性"面板中，可以设置实例属性。主要包括墙体的定位线、高度、底部和顶部的约束与偏移等，如图5-6所示。该对话框中有些参数为暗显，这些参数可在三维视图、选中构件、附着时或修改结构墙状态下亮显。

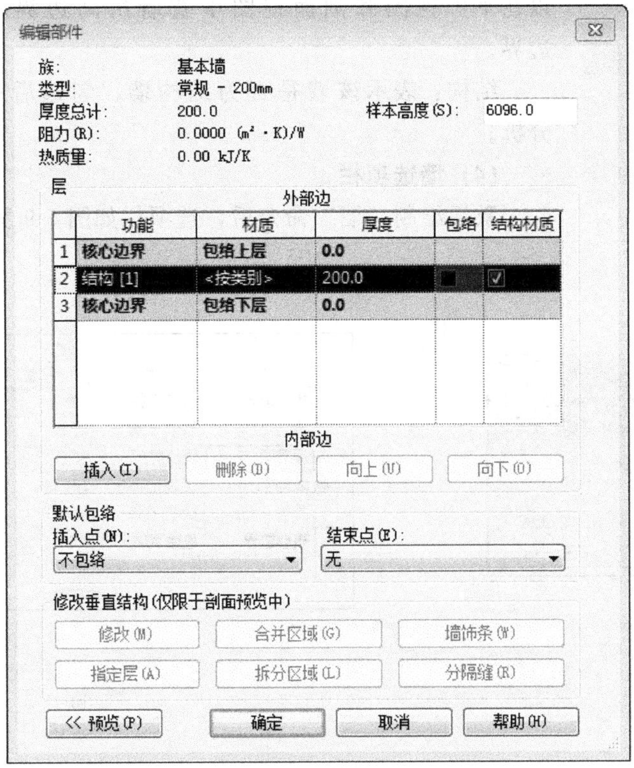

图 5-5 墙体"编辑部件"对话框

定位线：指屏幕上指定的路径或拾取的路径与墙的哪一个平面对齐。在选项栏单击"定位线"编辑框下拉列表的三角箭头，显示图 5-7 所示的 6 个选项。在 Revit 中，墙的核心层是主结构层。在简单的砖墙中，"墙中心线"和"核心层中心线"重合，复合墙中可不重合。顺时针绘制墙时，其外部面（面层面：外部）默认情况下位于上部。如图 5-8 所示为一基本墙，图 5-8（a）为绘图示例，图 5-8（b）为基本墙的结构构造。

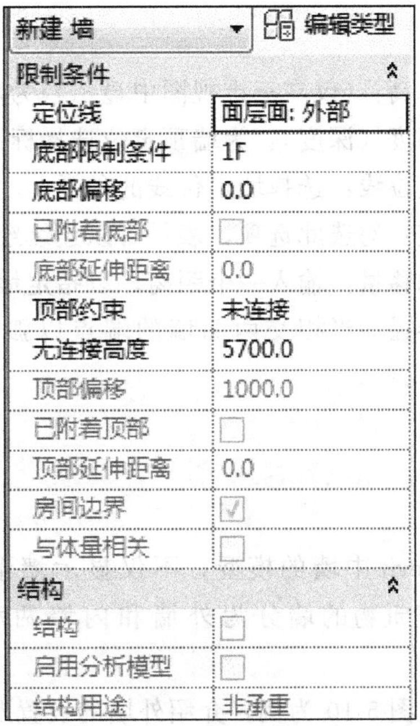

底部限制条件/顶部约束：表示墙体上下的约束范围。

底/顶部偏移：在约束范围的条件下，可上下微调墙体的高度。

无连接高度：表示墙体顶部在不选择"顶部约束"时高度的设置。

房间边界：在计算房间的面积、周长和体积时，Revit 会使用房间边界。可

图 5-6 通过"属性"面板设置
墙实例属性

图 5-7 定位线下拉列表

以在平面视图和剖面视图中查看房间边界。墙默认为房间边界。

结构：表示该墙是否为结构墙，勾选后可用于后期受力分析。

（4）墙选项栏

激活绘制"墙"命令后，选项栏如图 5-9 所示。

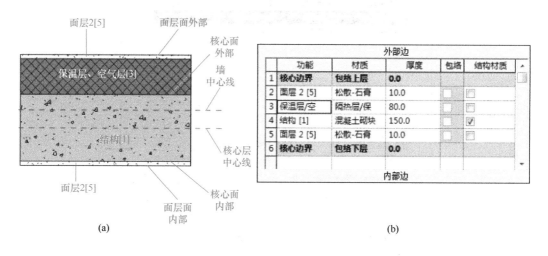

(a)

(b)

图 5-8 墙"定位线"分析

图 5-9 墙选项栏

标高：（仅在三维视图中显示）为墙底定位选择的标高。

高度（深度）：为墙顶定位选择标高，或选择默认设置"未连接"，输入数值。

定位线：选择墙定位线的种类。

链：勾选此选项，表示可以连续绘制墙体。

偏移量：输入一个距离，以指定墙体与捕捉点的距离。

半径：当相交两面墙的端点以弧形相连时，可根据设定的半径值，自动生成圆弧墙。

5.1.3 墙体的绘制

Revit 中墙的模型，不仅显示墙形状，还记录墙的详细做法和参数。通常情况下，建筑物的墙分为外墙和内墙两种类型。由于内外墙功能不同，其结构也不相同。

以图 5-10 为例，介绍外墙的设置及绘制。

（1）定义与绘制外墙

① 选择外墙的类型 单击"建筑"选项卡→"构建"面板→"墙"命令，在出现

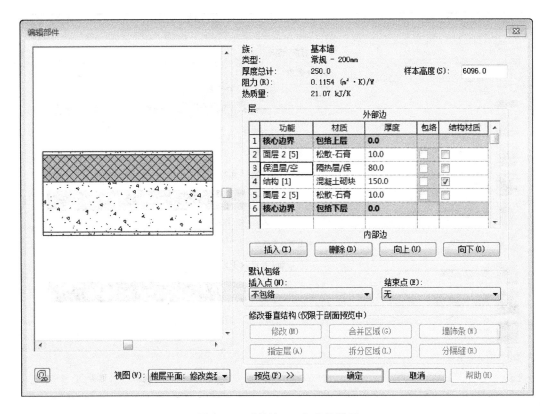

图 5-10 "外墙-250"参数设置

的工作界面中单击墙"属性"面板→"类型选择器"下拉列表，选取前面定义的"外墙-250"类型。

②定义外墙"结构"　在墙"类型属性"对话框中，单击"结构"右侧的"编辑…"按钮，打开墙体"编辑部件"对话框。

a. 单击"内部边"版块下的"插入"按钮，则在对话框中间表格中增加一个"结构［1］"。同时，"删除（D）""向上（U）""向下（O）"均变为亮显，可对插入的"结构［1］"进行删除，或向上、向下移动其在墙体中的位置。

b. 在表格中单击"功能"列表中的"结构［1］"，在其右侧下拉列表中选择"保温层/空气层［3］"，作为"外墙-250"的外部保温层。

c. 单击"材质"列表中"＜按类别＞"右侧编辑按钮"▢"，弹出"材质浏览器"对话框，如图 5-11 所示。

选择"隔热层/保温层-空心填充"材质，并在图 5-11 所示对话框右侧"图形"选项卡中设置"截面填充图案"为"对角交叉线 1.5mm"，如图 5-12 所示。单击"确定"按钮，返回至上一个对话框。

d. 在"厚度列表中"设置面层保温层/空的厚度为 80。

e. 在"结构［1］"的下方和"保温层/空气层［3］"上方，各"插入"一个"面层 2［5］"，作为"外墙-250"的内部涂层。设置其材质为"松散-石膏"，厚度为 10。

图 5-11　"材质浏览器" 对话框

图 5-12　"填充样式" 对话框

注意：

插入一个新的结构后，可通过 "编辑部件" 对话框中的
" 向上 (U)　向下 (D) " 按钮调整顺序。

f. 修改"结构［1］"的材质为"混凝土砌块"，厚度为150。

g. 单击墙体"编辑部件"对话框底部的"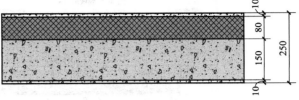"按钮，如图5-10所示。

③ 绘制外墙　在"修改｜放置 墙"上下文选项卡"绘制"面板中，选择绘制工具，可使用以下方法之一放置墙。

使用"线"工具 ✎ 指定起点和终点绘制直墙分段。也可指定起点位置，沿所需方向移动光标，然后输入墙长度值绘制墙体。

图5-13　放置"外墙-250"

例如，选择图5-10所设置的"外墙-250"类型绘制墙体，长为900，在"视图控制栏"中，设置其"详细程度"为"中等"，"视觉样式"为"着色"，结果如图5-13所示。

使用"绘制"面板中的其他工具，可以绘制矩形布局、多边形布局、圆形布局或弧形布局。有关这些工具的详细说明，参见第2章。

说明：

a. 使用"拾取线" ⸢ 工具创建墙时，要在整个线链上同时放置多个墙，将光标移至一条线段上，按"Tab"键可以将它们全部高亮显示，然后单击可全部选中。

b. 使用任何一种工具绘制墙，按空格键可以相对于墙的定位线翻转墙的内部/外部方向，如图5-14所示。

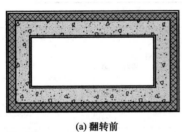
(a) 翻转前

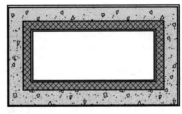
(b) 翻转后

图5-14　按空格键翻转墙

c. 使用"拾取面"工具 ▣ 可以将墙放置于在图形中选择的体量面或常规模型面上。

d. 按"Esc"键两次，退出"墙"工具。

---

(2) 定义与绘制内墙

① 选择内墙类型　单击"建筑"选项卡→"构建"面板→"墙"命令，在出现的工作界面中，单击墙"属性"面板→"类型选择器"下拉列表，选取"内部-砌块墙160"类型。

② 定义内墙"结构"　按照外墙方式，打开"编辑部件"对话框，如图5-15所示。修改两个"面层2［5］"厚度值为10，"结构［1］"厚度为140，点击"预览"按钮，结果如图5-16所示。

图 5-15　"内部-砌块墙 160"系统定义参数

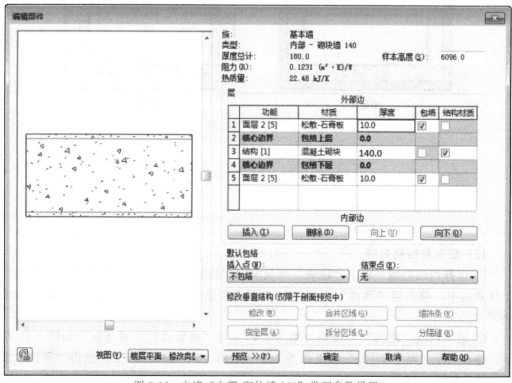

图 5-16　内墙"内部-砌块墙 160"类型参数设置

③ 绘制内墙　使用"线"工具 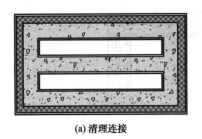，通过图 5-14 所示外墙中点，水平方向绘制内墙，如图 5-17 所示。

(a) 清理连接　　　　　　　　　　　　(b) 不清理连接

图 5-17　绘制内墙

> **说明:**
>
> a. 墙相交时，Revit 默认情况下会创建平接连接，并清理平面视图中的显示，删除连接的墙与其相应的构件层之间的边，如图 5-17（a）所示。
>
> b. 墙相交时，如果选择"不清理连接"，则显示相交处端点的边线，如图 5-17（b）所示。

5.1.4　墙体连接方式

(1) 墙连接

墙与墙之间的连接就是墙连接，它可以是同类型墙之间的连接，也可以是不同类型墙之间的连接。

单击"修改"选项卡→"几何图形"面板→"墙连接 " 功能，将鼠标光标移至墙上，然后在显示的灰色方块中单击，选项栏如图 5-18 所示。

图 5-18　"墙连接"选项栏

(2) 连接显示

单击"显示"编辑框中下拉列表的三角箭头，显示如图 5-19 所示的三个选项。

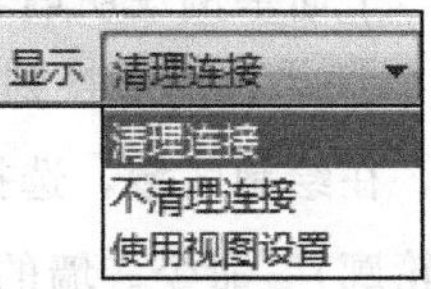

清理连接：显示平滑连接。选择"清理连接"进行编辑时，临时实线指示墙层实际在何处结束，如图 5-20（a）所示；退出"墙连接"工具且不打印时，这些线将消失。

不清理连接：显示墙端点针对彼此平接的情况，如图 5-20（b）所示。

图 5-19　墙连接显示控制

使用视图设置：按照视图的"墙连接显示"实例属性清理墙连接。此属性控制清理功能适用于所有的墙类型或仅适用于同种类型的墙。

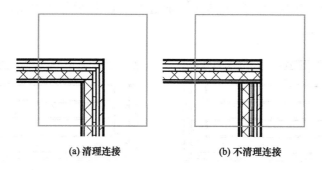

(a) 清理连接　　　　　　　(b) 不清理连接

图 5-20　墙体的连接

(3) 墙连接的方式

墙体相交时，在选项栏上有平接、斜接和方接 3 种连接方式，如图 5-21 所示。

(a) 平接(系统默认)　　　(b) 斜接　　　(c) 方接(处理墙端使其成90°)

图 5-21　墙体 3 种连接方式

如果选定的连接类型为"平接"或"方接"，则可以单击选项栏上的" 上一个 下一个 "按钮循环预览可能的连接顺序（仅当选择单个墙连接进行编辑时，"下一个"和"上一个"功能才可用）。

5.1.5　编辑墙

(1) 编辑墙轮廓

一般在创建墙体时，墙的轮廓多数为矩形，如需要创建其他形状的轮廓，就需要对墙体轮廓进行编辑。利用"绘制"面板下"直线、矩形、多边形、圆形、弧、圆角弧、拾取线、拾取面"等绘图命令，可添加新的墙线；利用"修改"面板下的"移动、复制、旋转、阵列、镜像、对齐、拆分、修剪、偏移"等编辑命令，可修改墙线大小、位置及删除图线等。

下面举例说明墙轮廓的编辑。

① 将视图切换到立面视图或剖面视图。

在绘制区域，选择墙，然后单击"修改 | 墙"选项卡 → "模式"面板 → " （编辑轮廓）"命令。墙的轮廓便以洋红色模型线显示，如图 5-22 所示。

② 使用"修改"和"绘制"面板上的工具根据需要编辑轮廓。

a. 单击"修改|墙＞编辑轮廓"上下文选项卡 → "绘制"命令面板 → " （直线）"命令，按图 5-23 所示位置绘制直线。

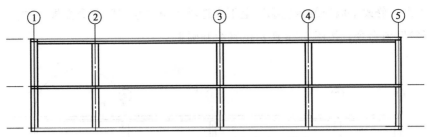

图 5-22　进入墙体"编辑轮廓"模式

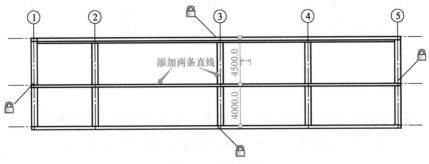

图 5-23　添加直线

b. 单击"**修改 | 墙 > 编辑轮廓**"上下文选项卡→"**修改**"命令面板→"![图标](修剪/延伸到角部)"命令，修剪或延伸图元，以形成墙角，如图 5-24 所示。

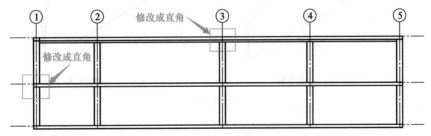

图 5-24　修改墙角

c. 单击"**修改 | 墙 > 编辑轮廓**"上下文选项卡→"**修改**"命令面板→""命令，在④与⑤轴之间，拆分墙线，并使用"**修改**"面板→""命令删除线，结果如图 5-25 所示。

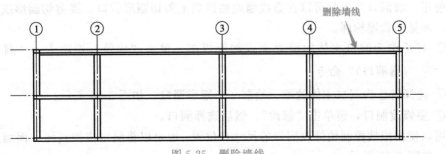

图 5-25　删除墙线

d. 单击"修改 | 墙＞编辑轮廓"上下文选项卡→"绘制"命令面板→"⌐⌐"（起点-终点-半径）"弧命令，按图 5-26 所示位置绘制圆弧。

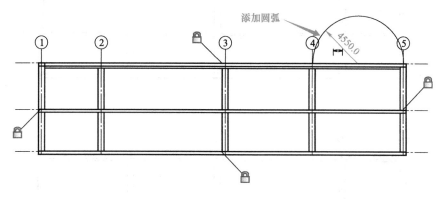

图 5-26　添加圆弧

③ 单击"修改 | 墙＞编辑轮廓"上下文选项卡→"模式"命令面板上的"✔（完成编辑模式)"命令。隐藏其他图元，墙体修改前后对照如图 5-27 所示。

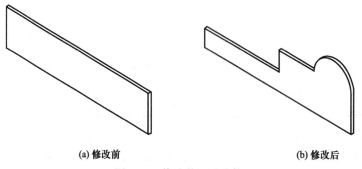

(a) 修改前　　　　　　　　　　　　　　　**(b) 修改后**

图 5-27　修改前、后墙体

> **注意:**
>
> 如果要将已编辑的墙恢复到原始形状，请选择该墙，然后单击"修改 | 墙"选项卡 → "模式"面板 → "🔲（重设轮廓)"命令。

(2) 剪切洞口

使用"墙洞口"工具可以在直线墙或曲线墙上剪切矩形洞口。要剪切圆形或多边形洞口，参见编辑墙轮廓。

① 打开作为洞口主体的墙立面或剖面视图，单击"建筑"选项卡→"洞口"面板→"↔（墙洞口)"命令。

② 选择将作为洞口主体的墙，绘制一个矩形洞口，如图 5-28 所示。

③ 要修改洞口，请单击"修改"，然后选择洞口。

可以使用拖拽控制柄修改洞口的尺寸和位置。也可以将洞口拖拽到同一面墙上的新位置，如图 5-29 所示。

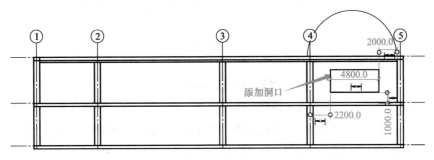

图 5-28　添加洞口

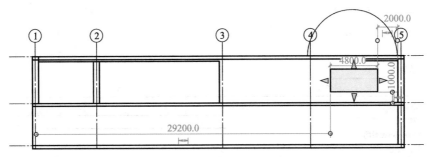

图 5-29　修改洞口

5.2　墙饰条和墙分隔缝

5.2.1　添加墙饰条

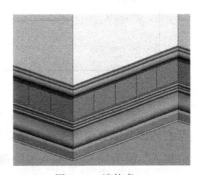

图 5-43　墙饰条

使用"饰条"工具向墙中添加踢脚板、冠顶饰或其他类型的装饰用水平或垂直投影，如图 5-43 所示。

操作如下。

① 打开一个三维视图或立面视图，其中包含要向其中添加墙饰条的墙。

② 单击"建筑"选项卡→"构建"面板→"墙"下拉列表→"▱（墙：饰条）"命令。

③ 单击"修改 | 放置墙饰条"→"放置"面板→选择墙饰条的方向："▱（水平）"或"▯（垂直）"命令，如图 5-44 所示。

④ 将光标放在墙上以高亮显示墙饰条位置，单击以放置墙饰条。

⑤ 继续添加墙饰条，可单击"放置"面板→"▱重新放置墙饰条"命令。

图 5-44　"放置"墙
饰条工具

⑥ 请单击"修改",完成墙饰条的放置。

5.2.2　编辑墙饰条

(1) 编辑墙饰条类型

在"属性"选项板上,单击"▦▦(编辑类型)"命令,或单击
"修改 ｜ 放置饰条"选项卡→"属性"面板→"▦▦(类型属性)"命
令,出现"类型属性"对话框,如图5-45所示。

类型属性		
族(F):	系统族: 墙饰条	载入(L)...
类型(T):	Cornice	复制(D)...
		重命名(R)...

类型参数

参数	值
限制条件	
剪切墙	☑
被插入对象剪切	☑
默认收进	500.0
构造	
轮廓	默认
材质和装饰	
材质	Cherry
标识数据	
墙的子类别	Wall Sweep - Cornice
类型图像	
注释记号	
型号	
制造商	
类型注释	

<< 预览(P)	确定	取消	应用

图 5-45　墙饰条"类型属性"对话框

在"类型属性"对话框中,选择所需的轮廓类型作为"轮廓"。如果类型选择器中
没有列出所需要的墙饰条类型,则可以载入其他轮廓族(单击"插入"选项卡→"从库
中载入"面板→"▯载入族"命令)。

"剪切墙"选项数据指墙饰条从主体墙中剪
切几何图形。

"被插入对象剪切"墙饰条由墙对象进行
剪切。

"材质"可以指定墙饰条材质。

(2) 调整墙饰条大小

在墙饰条未连接到其他图元且未受其他图

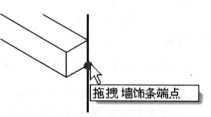

拖拽 墙饰条端点

图 5-46　调整墙饰条大小

元限制时，在三维或立面视图中，选择墙饰条。拖拽墙饰条端点可以调整其大小，如图 5-46 所示。

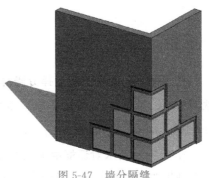

图 5-47　墙分隔缝

5.2.3　添加墙分隔缝

使用"分隔缝"工具将装饰用水平或垂直剪切添加到立面视图或三维视图中的墙中，分隔缝会在轮廓与墙层相交的地方删除材质，如图 5-47 所示。

操作步骤如下。

① 打开三维视图或不平行立面视图。

② 单击"建筑"选项卡→"构建"面板→"墙"下拉列表→"▤（墙：分隔缝）"命令。

图 5-48　"放置"墙
分隔缝工具

③ 在"类型选择器"中，选择所需的墙分隔缝类型。

④ 单击"修改｜放置墙分隔缝"→"放置"面板，并选择墙分隔缝的方向：水平或垂直，如图 5-48 所示。

⑤ 将光标放在墙上以高亮显示墙分隔缝位置，单击以放置分隔缝。

⑥ 完成对墙分隔缝的放置，单击视图中墙以外的位置。

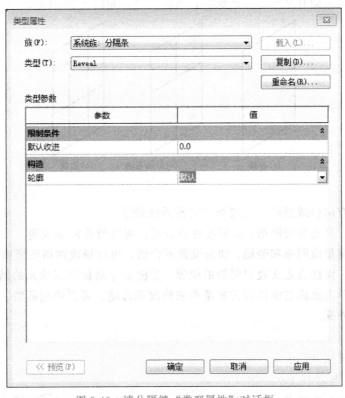

图 5-49　墙分隔缝"类型属性"对话框

5.2.4 编辑墙分隔缝

在三维或立面视图中选择分隔缝，或者单击"▤（墙：分隔缝）"命令，在"属性"选项板中，单击"🔳编辑类型"命令，或单击"修改 | 放置分隔缝"选项卡→"属性"面板→"🔳类型属性"命令，弹出图 5-49 所示对话框。

在图 5-49 所示对话框中可以选择所需的轮廓类型作为"轮廓"。如果类型选择器中没有列出所需要的墙分隔缝类型，则可以通过单击"插入"选项卡→"从库中载入"面板→"🔽载入族"命令，载入其他轮廓族。

调整分隔缝大小的操作与墙饰条相同。

5.3 幕 墙

幕墙是一种外墙，附着到建筑结构，不承担建筑的楼板或屋顶荷载。

在一般应用中，幕墙常常定义为薄的、带铝框的墙，包含填充的玻璃、金属嵌板或薄石的墙。幕墙类型有幕墙、外部玻璃、店面 3 种，如图 5-30 所示。

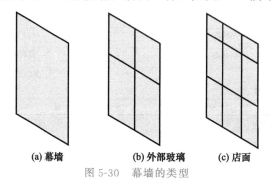

| (a) 幕墙 | (b) 外部玻璃 | (c) 店面 |

图 5-30 幕墙的类型

幕墙：没有网格或竖梃。此墙类型的灵活性最强。

外部玻璃：具有预设网格。如果设置不合适，可以修改网格规则。

店面：具有预设网格和竖梃。如果设置不合适，可以修改网格和竖梃规则。

在幕墙中，网格线定义放置竖梃的位置。竖梃是分割相邻窗单元的结构图元。可通过选择幕墙并单击鼠标右键访问关联菜单来修改该幕墙。可以使用幕墙、幕墙网格、竖梃来创建所需外观。

5.3.1 创建幕墙

单击"建筑"选项卡→"构建"面板→"墙"下拉列表→"▢（墙：建筑）"命令，

在"类型选择器"中，选择一种幕墙类型。

"修改｜墙＞编辑轮廓"上下文选项卡提供"绘制"幕墙命令面板和"修改"幕墙命令面板，其操作与创建墙体完全相同。下面以绘制直幕墙与弧形幕墙为例，阐述幕墙的创建操作。

（1）绘制直幕墙

① 进入楼层平面视图，单击"修改 ｜ 放置墙"选项卡 →"绘制"面板 →" ╱（线）"命令，选项栏显示如图5-31所示。

| 标高: Level 1 ▼ | 高度: ▼ | 未连接 ▼ | 6000.0 | 定位线: 墙中心线 ▼ | ☑ 链 | 偏移量: 0.0 | □ 半径: 1000.0 |

图5-31　"线"命令选项栏

在"未连接"编辑框中设置幕墙高度为"6000"，其他参数保持默认值。

在绘图区内单击鼠标，确定幕墙的起点。移动鼠标绘制长9000的水平幕墙。单击"修改"或按"Esc"键两次退出该命令。

打开三维视图，单击"视图"选项卡→"窗口"命令面板→" ▯ （平铺）"命令，屏幕显示如图5-32所示。

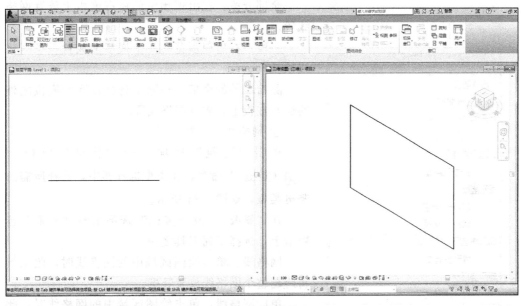

图5-32　创建幕墙

② 创建幕墙网格将墙拆分为嵌板。

进入南立面图，单击"建筑"选项卡→"构建"面板→" ▦ （幕墙网格）"样式→"放置"命令面板→" ┼ 全部 分段 "命令，然后若沿着墙体竖直边缘放置光标，会出现一条水平的临时网格线，若沿墙体水平边缘放置光标，会出现一条竖直的临时网络线，单击以放置网格线。同样方法可添加其他网格线，单击"修改"退出该工具，结果如图5-33所示。

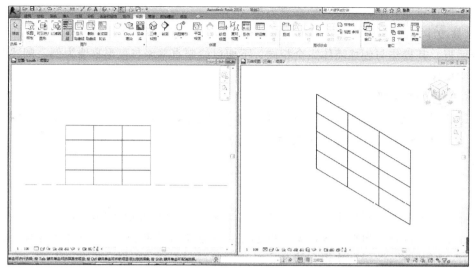

图 5-33 创建幕墙网格

图 5-34 竖梃的类型

"放置"命令面板上的三个选项含义如下。

全部分段：在出现预览的所有嵌板上放置网格线段。

一段：在出现预览的一个嵌板上放置一条网格线段。

除拾取外的全部：在除了选择排除的嵌板之外的所有嵌板上，放置网格线段。

③ 网格线上放置竖梃。

单击"建筑"选项卡 → "构建"面板 → "▊▊▊"（竖梃）命令，在类型选择器中，选择所需的竖梃类型，如图 5-34 所示。

在"修改 │ 放置竖梃"选项卡 → "放置"选项卡上，选择下列工具之一。

网格线：单击绘图区域中的网格线时，此工具将跨越整个网格线放置竖梃。

单段网格线：单击绘图区域中的网格线时，此工具将在单击的网格线的各段上放置竖梃。

全部网格线：单击绘图区域中的任何网格线时，此工具将在所有网格线上放置竖梃。

单击"全部网络线"，在绘图区域中单击鼠标左键，即可在网格线上放置竖梃，如图 5-35 所示。单击"修改"完成该命令。

注意：

竖梃根据网格线调整尺寸，并自动在与其他竖梃的交点处进行拆分。

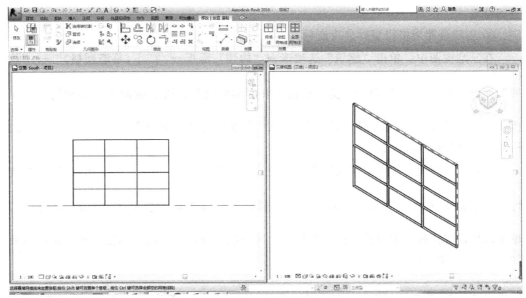

图 5-35　放置竖梃

（2）绘制弧形幕墙

① 进入楼层平面视图，单击"修改 ｜ 放置墙"选项卡→"绘制"面板→" ⌐ （起点-终点-半径）"弧命令。在"未连接"编辑框中设置幕墙高度为"6000"、半径为"4500"，其他参数保持默认值。

在绘图区内单击鼠标，确定幕墙的起点；向右移动 9000，单击鼠标左键确定圆弧的端点；单击"修改"退出该命令。

打开三维视图，单击"视图"选项卡→"窗口"命令面板→" ⊟ （平铺）"命令，屏幕显示如图 5-36 所示。虽然是按照弧度来绘制的幕墙，但是在 3D 效果中依然是一面

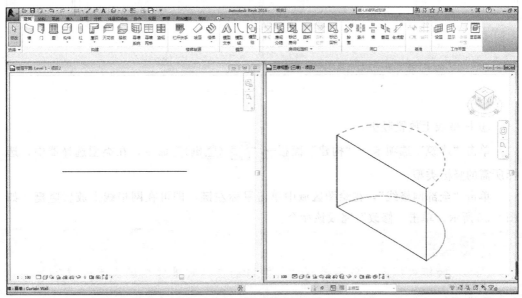

图 5-36　创建弧形幕墙

直的幕墙。

② 创建幕墙网格将墙拆分为嵌板。

在三维视图中，单击"建筑"选项卡→"构建"面板→"▦（幕墙网格）"→"放置"命令面板→"⬚全部分段"命令，为了获得更好的曲面效果，可通过网格"类型属性"面板将网格布局设置为"固定距离"划分方式（详见"编辑幕墙参数"），点击"确定"之后如图5-37右侧图形所示。

进入南立面图，单击"建筑"选项卡→"构建"面板→"▦（幕墙网格）"→"放置"命令面板→"⬚全部分段"命令，然后沿着墙体边缘放置光标，会出现一条临时网格线，单击以放置网格线。用同样方法可添加其他网格线，单击"修改"以退出该工具，结果如图5-37左侧所示。

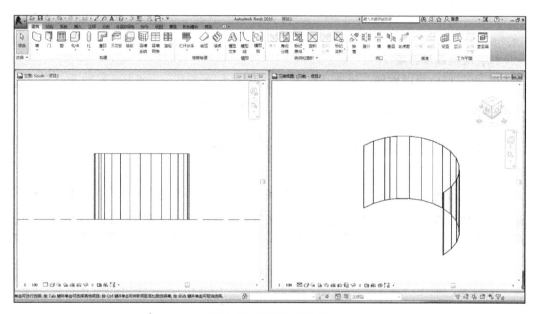

图 5-37　创建幕墙网格

③ 网格线上放置竖梃。

单击"建筑"选项卡→"构建"面板→"▦▦（竖梃）"命令，在类型选择器中，选择所需的竖梃类型。

单击"全部网格线"，在绘图区域中单击鼠标左键，即可在网格线上放置竖梃，如图 5-38 所示。单击"修改"完成该命令。

> **注 意：**
>
> 竖梃根据网格线调整尺寸，并自动在与其他竖梃的交点处进行拆分。

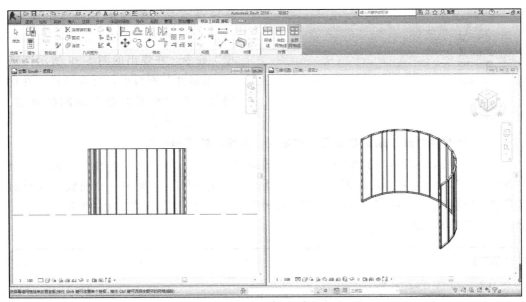

图 5-38　放置竖梃

5.3.2　编辑幕墙参数

(1) 修改幕墙网格布局

要修改幕墙网格布局，首先选择幕墙图元，然后单击"◇（配置网格布局）"命令，

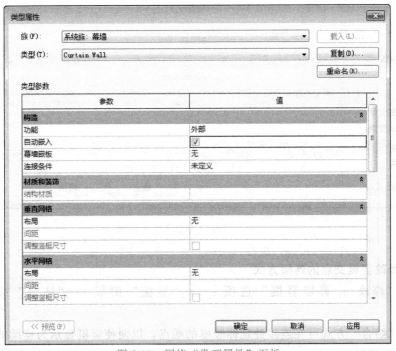

图 5-39　网格"类型属性"面板

图 5-40　确定网格布局方式

该选项显示在幕墙图元的每个面上。然后在"属性"面板上单击"编辑类型"命令，在弹出的图 5-39 所示网格"类型属性"面板中，分别设置"垂直网格"和"水平网格"的网格参数，如图 5-40 所示。

(2) 修改类型属性来更改竖梃族的角度、偏移、轮廓和位置

要修改某个面的幕墙竖梃属性，首先选择竖梃图元，然后在"属性"面板上单击"编辑类型"命令，在弹出的图 5-41 所示竖梃"类型属性"面板中，分别设置竖梃的"角度""偏移量""厚度""材质""断面尺寸"（边 1 上的宽度、边 2 上的宽度）及竖梃"注释记号"等参数。

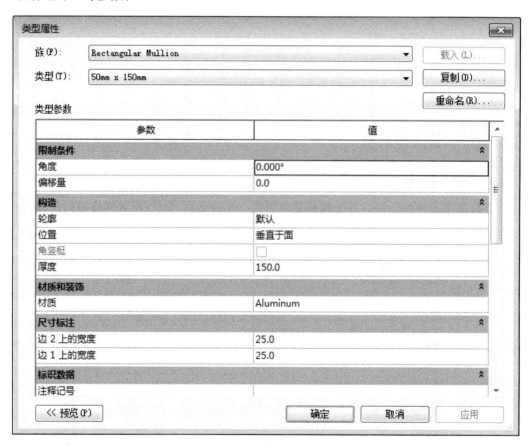

图 5-41　竖梃"类型属性"面板

(3) 修改竖梃交点的连接方式

单击"修改｜幕墙竖梃"选项卡 → "竖梃"面板 → "结合"或"打断"命令。

使用"结合"方式可在连接处延伸竖梃的端点，以便使竖梃显示为连续的竖梃，如图 5-42（a）所示。

使用"打断"方式可在连接处修剪竖梃的端点，以便将竖梃显示为单独的竖梃，如图 5-42（b）所示。

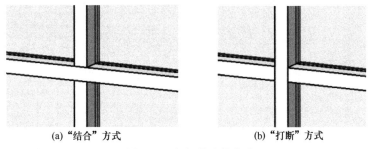

(a)"结合"方式　　　　　　　　(b)"打断"方式

图 5-42　竖梃的连接方式

第6章

门 和 窗

Revit 中门窗是基于墙主体的构件族，可添加到任何类型的墙体之上。在进行三维建模时，可直接放置已有的门窗族，对于普通门窗可直接通过修改族类型参数，也可以根据需要，自定义门窗的宽和高、材质、形状等，创建新的门窗族。

6.1 门

6.1.1 在墙体上放置门

① 单击"建筑"选项卡→"构建"面板→"门"命令，在"属性"面板"类型选择器"下，选择所需的门类型，本例选择"双扇平开木门4(1500×2100mm)"，如图6-1所示。

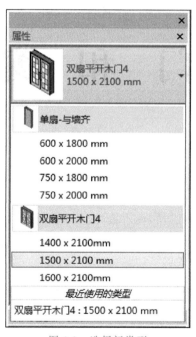

图 6-1　选择门类型

注意：

如果在当前"类型选择器"下没有所需要的门，可通过"修改｜放置门"上下文选项卡→"模式"面板→"⬇️(载入族)"命令，载入所需门类型。可参阅本节的载入"门"族相关内容。

② 在平面视图、剖面视图、立面视图或三维视图中添加门。将光标移动到绘图区

墙体之上，自动显示门图标，然后指定门在墙上的位置，单击鼠标将门放置到墙体上，如图 6-2 所示。

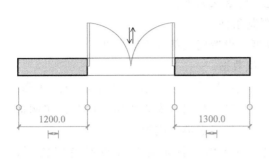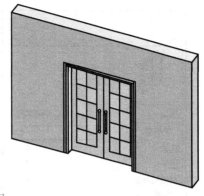

图 6-2　在墙体上放置门

③ 调整位置和方向。初步放置门后，通过调整临时尺寸标注精准定位，还可以通过翻转控件 "⬍" 来调整门的开启方向。

有关 "临时尺寸的捕捉点" 说明：单击 "管理" 选项卡→ "设置" 面板→ "其他设置" 下拉列表→ "临时尺寸标注" 命令，弹出图 6-3 所示 "临时尺寸标注属性" 对话框。对于 "墙"，选择 "中心线"，则在墙周围放置构件时，临时尺寸标注自动捕捉 "墙中心线"；对于 "门和窗"，选择 "洞口"，表示 "门和窗" 放置时，临时尺寸标注自动捕捉到门、窗洞口的距离。

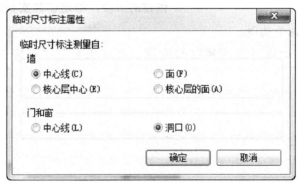

图 6-3　"临时尺寸标注属性" 对话框

注　意：

在放置门时，键盘输入 "SM" 或者按下 "空格键"，可自动捕捉到墙线中点插入。

6.1.2　编辑门

（1）实例属性

在视图中选择门后，"属性" 面板自动转成门 "属性"，如图 6-4 所示。该 "属性"

框中的参数为该扇门的实例参数。在"属性"框中可设置门的"底高度"以及"顶高度","底高度"即为门底部安装高度,"顶高度"为"门高度＋底高度"。

图 6-4 门"实例属性"

各选项的含义如下。

① 限制条件。

底高度:设置门底部的安装高度。

② 标识数据。

注释:显示输入或从下拉列表中选择的注释。输入注释后,可以为同一类别中图元的其他实例选择该注释,无须考虑类型或族。

标记:按照用户指定标识或枚举特定实例。对于门,该属性通过为放置的每个实例按 1 递增标记值,来枚举某个类别中的实例。例如,默认情况下放置在项目中的第一个门"标记"值为 1,接下来放置的门的"标记"值为 2,无须考虑门类型。

③ 阶段化。许多项目(例如改造项目)是分阶段进行的,每个阶段都代表项目周期中的不同时间段。定义项目阶段并将阶段过滤器应用到视图和明细表上,以显示不同工作阶段期间的施工图。

创建的阶段:指定创建实例时的阶段。有"现有"和"新构造"两个选项。

拆除的阶段:指定拆除实例时的阶段。有"现有""新构造"和"无"三个选项。

注意:

无特殊要求的情况下,可选取"新构造"。

④ 其他。

顶高度:设置门顶部的安装高度,等于"门高度＋底高度"。

(2) 类型属性

在"属性"框中,单击"编辑类型",在弹出的"类型属性"对话框中,可设置门的高度、宽度、材质、门的类别标记等属性,如图 6-5 所示。

① 限制条件。

门嵌入:门嵌入墙体的距离。

② 材质和装饰。

装饰材质:设置门装饰的材质(如金属或木质)。

把手材质:设置把手的材质。

框架材质:设置门框架的材质。

图 6-5 门"类型属性"对话框

门嵌板材质：设置门嵌板的材质。

③ 尺寸标注。

厚度：设置门的厚度。

粗略宽度：窗的粗略洞口的宽度，可以生成明细表或导出。

粗略高度：窗的粗略洞口的高度，可以生成明细表或导出。

框架宽度：设置门框架的宽度尺寸。

高度：设置门洞口的高度。

宽度：设置门洞口的宽度。

④ 标识数据。

类型注释：关于门类型的注释，此信息可显示在明细表中。

类型标记：指定门的特定类型。

> **注 意：**
>
> 该对话框中可复制出新的门，以及对当前的门重命名。

6.1.3 门类型标记

门标记是一种注释，通常通过显示门的"类型标记"属性值来确定图形中门的特定类型。可以指定在放置门时自动附着门标记，也可以选择手动逐个附着或一次全部附着标记。

(1) 自动标记

单击"建筑"选项卡→"构建"面板→"门"命令，在"修改 | 放置门"上下文选

项卡→"标记"面板中单击"在放置时进行标记",则系统会自动标记门类型,如图 6-6 所示。

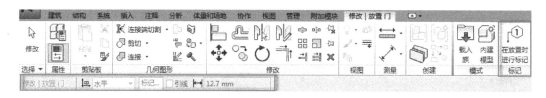

图 6-6　门的标记

各选项含义如下。

:设置标记书写的方向,可选择"垂直"或"水平"。放置标记后,还可以通过选择标记并按空格键来修改方向。

引线:勾选"引线",则标记带有引线。引线有"附着端点"(标记在固定位置上)和"自由端点"(可自选标记位置)两种方式,如图 6-7 所示。

:设置输入引线长度,系统默认为 12.7mm。

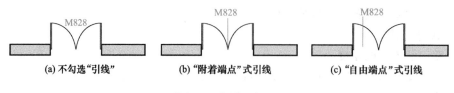

(a) 不勾选"引线"　　　(b) "附着端点"式引线　　　(c) "自由端点"式引线

图 6-7　门类型标记

(2) 手动标记

在放置门时,如果未勾选"在放置时进行标记",可通过手动方式对门进行标记。

单击"注释"选项卡,在"标记"面板下有"按类别标记"和"全部标记"两个命令,如图 6-8 所示。

图 6-8　"注释"选项卡上门标记命令

按类别标记:将光标移至需放置标记的门构件上,待其高亮显示时,单击鼠标则可直接标记。

全部标记:单击"全部标记"命令,在弹出的图 6-9 所示"标记所有未标记的对象"的对话框中,选择所需标记类别后,单击"确定"。

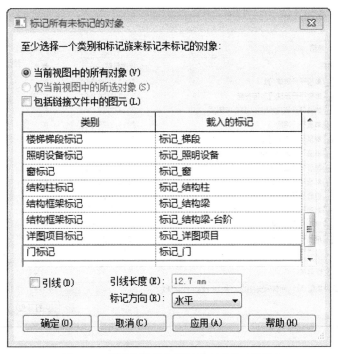

图 6-9 "标记所有未标记的对象"对话框

6.1.4 载入"门"族

　　门是基于墙体的构件族，在 Revit 软件中，可通过载入族的方式将项目中需要的门类型载入到项目中。

　　① 单击"建筑"选项卡→"构建"面板→"门"命令→"修改 | 放置门"上下文选项卡→"模式"面板→ 命令，弹出"载入族"对话框，如图 6-10 所示。选择"China/建筑/门/普通门/平开门/单扇"文件夹中的"单扇平开木门 4"族文件。

　　② 单击"打开"按钮，则将选择的"单扇平开木门 4"实例载入当前项目文件中。

　　③ 单击"建筑"选项卡→"构建"面板→"门"命令，在"属性"面板"类型选择器"下拉列表中可以找到载入的"单扇平开木门 4"族系列构件。

6.1.5 将门添加到幕墙

　　要将门添加到幕墙，可自定义幕墙嵌板以将其设定为门。

图 6-10 门 "载入族" 对话框

① 打开幕墙的平面、立面或三维视图，如图 6-11 所示。

② 进入 "南立面图" 视图，用鼠标 "框选" 要创建门的幕墙嵌板，如图 6-12 所示。

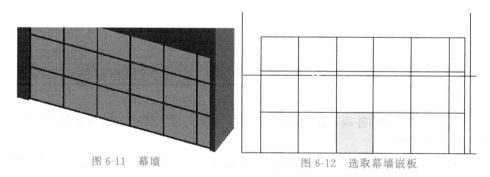

图 6-11 幕墙   图 6-12 选取幕墙嵌板

③ 单击 "属性面板" → "类型选择器" 命令，在下拉列表中选择要替换该嵌板的幕墙门，进入三维视图，如图 6-13 所示。

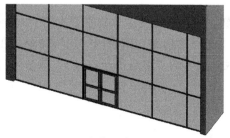

图 6-13 将幕墙嵌板替换为门

　　仅幕墙门可以替换幕墙嵌板,如果当前项目中不包含"门嵌板",则
需单击"插入"选项卡→"从库中载入"面板→"载入族"命令来
载入幕墙门。在"载入族"对话框中,打开"China/建筑/幕墙/门窗嵌
板"文件夹,选择其中的任意门族,然后单击"打开",则相应的族载入
到项目中。

　　④ 要删除幕墙门时,先将其选中,然后使用"类型选择器"将其重新更改为幕墙
嵌板。

6.2　窗

6.2.1　在墙体上放置窗

　　① 单击"建筑"选项卡→"构建"面板→"窗"命令,在"属性"面板"类型选
择器"下,选择所需的窗类型,本例选择"双扇平开-带贴面(1800×900mm)",如图
6-14 所示。

图 6-14　选择窗类型

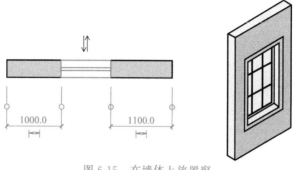
② 在平面视图、剖面视图、立面视图或三维视图中添加窗。将光标移动到绘图区墙体之上,自动显示窗图标,然后指定窗在墙上所需位置,单击鼠标将窗放置到墙体上,如图 6-15 所示。

1000.0   1100.0

图 6-15　在墙体上放置窗

③ 调整位置和方向。初步放置窗后,通过调整临时尺寸标注精准定位,还可以通过翻转控件"⇕"来调整窗的开启方向。

6.2.2　编辑窗

(1) 实例属性

在视图中选择窗后,"属性"面板自动转成窗"属性",如图 6-16 所示,该"属性"框中的参数为该扇窗的实例参数。在"属性"框中可设置窗的"底高度"以及"顶高度","底高度"即为窗台的高度,"顶高度"为"窗高度+底高度"。

图 6-16　窗"实例属性"

各选项含义如下。

① 限制条件。

标高:指明放置此实例窗的标高。

底高度:设置窗底部的安装高度。

② 标识数据。

注释:显示输入或从下拉列表中选择的注释。输入注释后,可以为同一类别中图元的其他实例选择该注释,无须考虑类型或族。

标记:通过为放置的每个实例按 1 递增标记值,来枚举类别中的实例。例如,默认情况下放置在项目中的第一扇窗"标记"值为 1,接下来放置的窗的"标记"值为 2,无须考虑窗类型。

③ 阶段化。许多项目(例如改造项目)是分阶段

进行的，每个阶段都代表项目周期中的不同时间段。定义项目阶段并将阶段过滤器应用到视图和明细表上，以显示不同工作阶段期间的施工图。

创建的阶段：指定创建实例时的阶段。有"现有"和"新构造"两个选项。

拆除的阶段：指定拆除实例时的阶段。有"现有""新构造"和"无"三个选项。

> **注意：**
>
> 无特殊要求的情况下，可选取"新构造"。

④ 其他。

顶高度：设置窗顶部的安装高度，等于"窗高度＋底高度"。修改此值不会更改实例尺寸。

(2) 类型属性

在"属性"框中，单击"编辑类型"命令，在弹出的"类型属性"对话框中，可设置窗的高度、宽度、材质、窗台高度、窗的类别标记等属性，如图 6-17 所示。

图 6-17　窗"类型属性"对话框

"类型属性"对话框中列入的参数较多，本例只列举以下常用的参数。

① 限制条件。

窗嵌入：窗嵌入墙体的距离。

② 材质和装饰。

窗台材质：设置窗台的新材质。

玻璃：设置新的玻璃嵌板材质。

框架材质：设置新的框架材质。

贴面材质：设置新的贴面材质。

③ 尺寸标注。

粗略宽度：窗的粗略洞口的宽度。可以生成明细表或导出。

粗略高度：窗的粗略洞口的高度。可以生成明细表或导出。

高度：设置窗洞口的高度。

宽度：设置窗洞口的宽度。

默认窗台高度：窗底部在标高以上的高度。

④ 标识数据。

类型注释：有关窗类型的特定注释。

类型标记：指明特定窗的专用值。

> **注　意：**
>
> 该对话框中可复制出新的窗，以及对当前的窗重命名。

6.2.3　窗类型标记

窗标记是一种注释，通常通过显示窗的"类型标记"属性值来确定图形中窗的特定类型。可以指定在放置窗时自动附着窗标记，也可以选择手动逐个附着或一次全部附着标记。

(1) 自动标记

单击"建筑"选项卡→"构建"面板→"窗"命令，在"修改｜放置窗"上下文选项卡→"标记"面板中单击"在放置时进行标记"，则系统会自动标记窗类型，如图6-18所示。

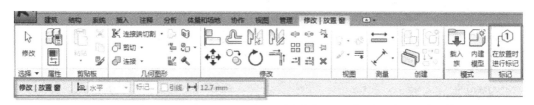

图 6-18　窗的标记

各选项的含义如下。

：设置标记书写的方向，可选择"垂直"或"水平"。放置标记后，还可以通过选择标记并按空格键来修改方向。

引线：勾选"引线"，则标记带有引线。引线有"附着端点"（标记在固定位置上）和"自由端点"（可自选标记位置）两种方式，如图6-19所示。

：设置引线长度值，将引线长度设为5mm。

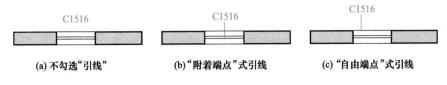

(a) 不勾选"引线"　　(b)"附着端点"式引线　　(c)"自由端点"式引线

图 6-19　窗类型标记

(2) 手动标记

在放置窗时，如果未勾选"在放置时进行标记"，可通过手动方式对窗进行标记。

单击"注释"选项卡，在"标记"面板下有"按类别标记"和"全部标记"两个命令，如图 6-20 所示。

图 6-20　"注释"选项卡上的窗标记

按类别标记：将光标移至需放置标记的窗构件上，待其高亮显示时，单击鼠标则可直接标记。

全部标记：单击"全部标记"命令，在弹出的图 6-21 所示"标记所有未标记的对象"的对话框中，选择所需标记类别后，单击"确定"按钮。

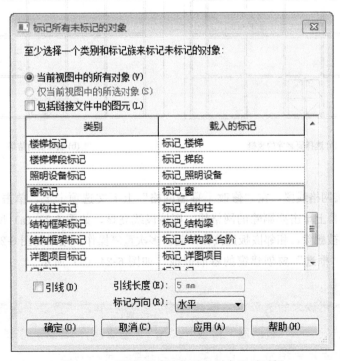

图 6-21　"标记所有未标记的对象"对话框

注 意：

手动方式与自动标记相同，在进行标记前需设置标记的书写方式及是否进行引线标记等。

6.3 将窗添加到幕墙嵌板

要将窗添加到幕墙嵌板上，可以采用 6.1 节阐述的"将门添加到幕墙"的方法，直接将幕墙嵌板修改为窗，但这种方法需对竖梃进行编辑；也可将嵌板修改为墙，然后在墙上放置窗。

① 打开平面视图、立面视图、剖面视图或三维视图。

② 进入"南立面图"视图，将右上角的 4 块幕墙嵌板合并为一整体。

a. 删除右上角的竖梃：用鼠标点选要删除的竖梃，如图 6-22（a）所示，然后按下键盘"Delete（删除）"。多次重复操作，结果如图 6-22（b）所示。

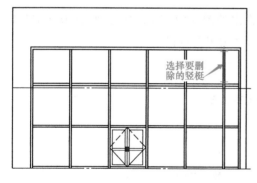
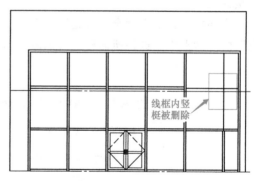

(a) 选择要删除的竖梃　　　　　　　　　(b) 删除后的结果

图 6-22　删除"竖梃"

b. 单击幕墙网格线段，在"修改｜幕墙网格"上下文选项卡上，单击"添加/删除线段"命令，在屏幕上单击要删除的网格线，则该段线亮显，如图 6-23（a）所示，单击屏幕空白处，该线段被删除，相邻嵌板连接在一起。多次重复操作，结果如图 6-23（b）所示。

③ 用鼠标"框选"要创建窗的幕墙嵌板，如图 6-24（a）所示。

注 意：

可使用较大的选择框"框选"图元，然后单击"修改｜选择多个"上下文选项卡→"过滤器"面板→ (过滤器)命令，在弹出的对话框中筛选所需图元（保留幕墙嵌板，排除其他图元）。

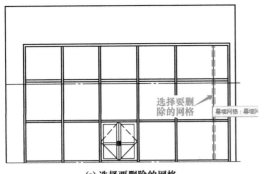

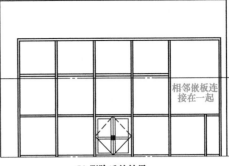

(a) 选择要删除的网格　　　　　　　　　(b) 删除后的结果

图 6-23　删除"网格"

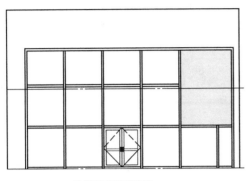

(a) 框选幕墙嵌板区　　　　　　　　　(b) 创建幕墙嵌板

图 6-24　选择创建窗的幕墙嵌板

④ 单击"属性面板"→"类型选择器"命令，在下拉列表中选择要替换该嵌板的墙类型，结果如图 6-24（b）所示。

⑤ 单击"建筑"选项卡→"构建"面板→"（窗）"命令，将光标移动到绘图区墙体之上，预览图像位于墙上所需位置时，单击以将窗放置到墙体上。进入三维视图观察，结果如图 6-25 所示。

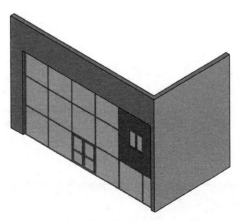

图 6-25　创建门、窗幕墙嵌板的三维视图

第7章

楼板和屋顶

7.1 创建楼板

图 7-1 创建 "楼板" 命令下拉列表

楼板是建筑设计中常用的构件, 与墙类似, 属于系统族。楼板可以创建楼面板、坡道和楼梯休息平台等, 通常在平面视图中绘制楼板。创建楼板可以通过拾取墙或使用绘制工具绘制其轮廓来定义楼板边界。

7.1.1 楼板的类型

进入平面视图中, 单击 "建筑" 选项卡→ "构建" 面板→ "楼板" 命令下拉列表, 如图 7-1 所示。Revit 提供了 3 种楼板: "楼板: 建筑" "楼板: 结构" "面楼板"。其中 "面楼板" 用于将概念体量模型的楼层面转换成楼层模型图元。

此外, 在图 7-1 所示创建 "楼板" 命令下拉列表中还提供了 "楼板: 楼板边" 命令, 多用于生成住宅外的小台阶。

7.1.2 楼板的参数设置

(1) 楼板类型

单击 "建筑" 选项卡→ "构建" 面板→ "楼板" 下拉列表→ " ![icon] (楼板: 建筑)" 命令, 激活命令后, 单击 "属性" 面板 "类型选择器" 下拉列表, 显示图 7-2 所示系统中提供的 "楼板" 类型列表, 可以直接选用现有的楼板, 也可以根据需要对已有楼板进行编辑。

(2) 楼板 "类型属性"

单击 "属性" 面板 "编辑类型" 命令, 弹出图 7-3 所示楼板 "类型属性" 对话框, 在该对话框中可修改楼板的类型参数信息。

拖拽图 7-3 所示的楼板 "类型属性" 对话框右侧的滚动条, 可以看到构造、图形、材质和装饰、标识数据、分析属性等 6 大类参数, 各参数的设置与墙体参数设置基本相同。如需对其参数做进一步的了解, 可按 "F1" 键获取帮助。

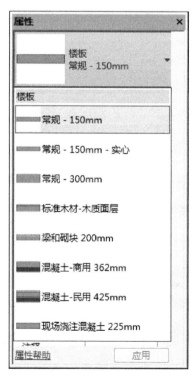

图 7-2 楼板 "类型选择器" 命令下拉列表

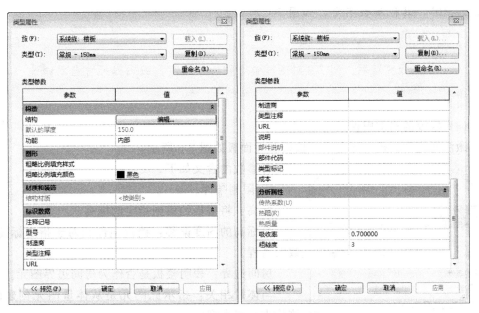

图 7-3　楼板"类型属性"对话框

❖【例 7-1】　创建楼板类型"楼板-140"。

创建楼板，首先在图 7-3 所示的楼板"类型属性"对话框中单击"复制（D）…"按钮复制已有的楼板类型，然后单击"重命名（R）…"将其重命名为

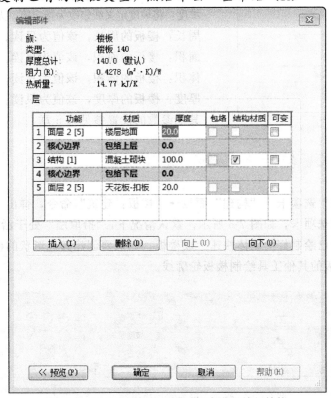

图 7-4　在"编辑部件"对话框中设置楼板结构

"楼板-140"，其他参数不变，如图7-4所示。

> **注 意:**
>
> 编辑完成后，图7-3对话框中"默认的厚度"编辑框尺寸自动修改为"140"。

(3) 楼板的实例属性

激活创建"楼板"命令后，楼板属性面板如图7-5所示。

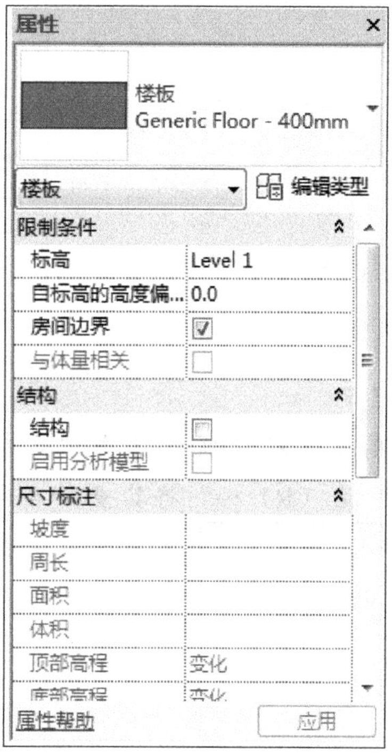

各参数的含义如下。

① 限制条件。

标高：将楼板约束到指定的标高。

自标高的高度偏移：楼板顶部相对于指定标高参数的高程。

房间边界：表明楼板是否作为房间边界图元。

与体量相关：指示此图元是从体量图元创建的，该值为只读类型。

② 结构。

结构：指定当前图元是否属于结构图元，并参与结构计算。

③ 尺寸标注。

坡度：将坡度定义线修改为指定值，无须编辑草图。

周长：楼板的周长，该值为只读。

面积：楼板的面积，该值为只读。

体积：楼板的体积，该值为只读。

厚度：楼板的厚度，该值为只读。

其他参数的设置参见第5章。

图7-5　楼板"属性"面板

7.1.3 创建楼板步骤

单击"建筑"选项卡→"构建"面板→"楼板：建筑"命令，弹出"修改│创建楼层边界"上下文选项卡，如图7-6所示。默认情况下，"拾取墙"处于活动状态，"拾取墙"命令可根据已绘制好的墙体快速生成楼板。如果要创建其他形状的楼板，还可利用"绘制"命令面板的其他工具绘制楼板轮廓线。

图7-6　"修改│创建楼层边界"上下文选项卡

注意：

　　① 使用"绘制"面板上的命令可以绘制任意形状的楼板边界。

　　② 楼层边界必须为闭合环（轮廓）。要在楼板上开洞，可以在需要开洞的位置绘制另一个闭合环。

❖【例7-2】　利用"拾取墙"命令绘制楼板。

　　① 绘制墙体　选择墙类型为"常规-225mm 砌体"，设置墙底部标高1为"±0.000"，顶部标高2为"3.000"，绘制墙体，其他尺寸如图7-7所示。

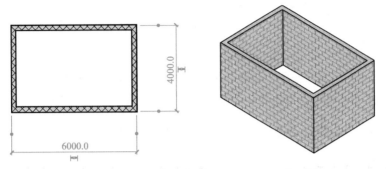

图7-7　绘制墙体

　　② 定义楼板类型　激活创建楼板命令，在楼板"属性"面板"类型选择器"中选取【例7-1】创建的"楼板-140"。

　　③ 设置楼板实例属性　在楼板"属性"对话框中设置"标高"为标高2，"自标高的高度偏移"为"0"。

　　④ 设置选项栏参数　单击"修改｜创建楼层边界"选项卡→"绘制"面板→命令，选项栏如图7-8所示。

图7-8　"拾取墙"命令选项栏

在选项栏中设置"偏移"为"200.0"，勾选"延伸到墙中（至核心层）"选项。

注意：

　　① 偏移，是生成的楼板轮廓距参照线的距离。顺时针绘制楼板边线时，偏移量为正值，在参照线外侧绘制；负值则在内侧绘制。

　　② 延伸到墙中（至核心层），用于定义轮廓线到墙核心层之间的偏移距离。如偏移值为0，则楼板轮廓线会自动捕捉到墙的核心层内部进行绘制；如不勾选此参数，则楼板轮廓线会自动捕捉墙的内边线。

　　⑤ 绘制楼板边界　单击"修改｜创建楼层边界"选项卡→"绘制"面板→""命令。在绘图区域可依次点选已画墙体建立楼板轮廓，也可先移动光标到墙体上，当墙体高亮显示时，按"Tab"键，再单击鼠标左键，则一次选中

所有的墙，如图7-9所示。

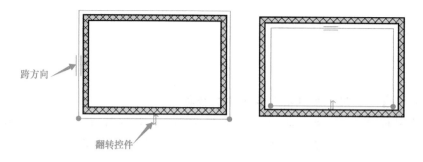

跨方向

翻转控件

图7-9   绘制楼板边界

　　⑥ 单击"模式"面板→"✔（完成编辑模式）"命令，此时会弹出"是否希望将高达此楼层标高的墙附着到此楼层的底部？"，如图7-10所示。

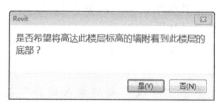

图7-10   Revit提示

　　如果单击"是"，高达此楼层标高的墙将附着到此楼层的底部，如图7-11（a）所示；单击"否"，高达此楼层标高的墙将未附着，而与楼板同高度，三维视图如图7-11（b）所示。

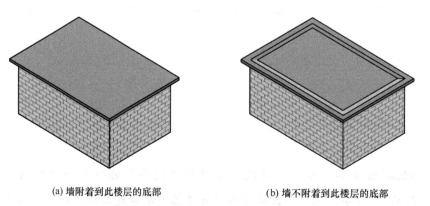

(a) 墙附着到此楼层的底部　　　　　(b) 墙不附着到此楼层的底部

图7-11   绘制楼板

> **注 意:**
>
> ① 如果用"拾取墙"命令来绘制楼板，则生成的楼板会与墙体发生约束关系，墙体移动楼板会随之发生相应变化。
>
> ② 生成楼板边界如出现交叉线条，应使用"修剪"命令编辑成封闭楼板轮廓。

7.1.4　斜楼板的绘制

创建斜楼板，主要有以下 3 种方法：

① 在绘制或编辑楼层边界时，绘制一个坡度箭头；

② 通过分别设置楼板两侧的高度值绘制斜楼板；

③ 通过设置倾斜角度绘制斜楼板。

本节主要阐述利用"坡度箭头"绘制斜楼板的操作。

① 拾取命令

a. 草图模式中，单击"修改｜创建楼层边界"上下文选项卡→"绘制"命令面板→"（坡度箭头）"命令，如图 7-12 所示。

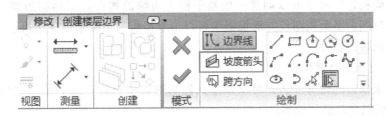

图 7-12　"修改｜创建楼层边界"上下文选项卡

b. 非草图模式中，在平面视图中选择图元，然后单击"修改｜楼板"选项卡→"模式"面板→"（编辑边界）"命令，在弹出的"修改｜楼板＞编辑边界"选项卡中单击"绘制"命令面板中的"（坡度箭头）"命令。

c. 在三维视图或平面视图中双击楼板，然后单击"修改｜编辑边界"选项卡→"（坡度箭头）"命令。

② 绘制坡度箭头：单击一点指定其起点（尾）；再次单击指定其终点（头），如图 7-13 (a) 所示。

③ 设置限定条件：设置最低处标高为"默认"；尾高度偏移为"1000.0"；最高处标高为"默认"；头高度偏移为"0.0"，如图 7-13 (b) 所示。

④ 设置好参数后，单击"修改｜创建楼层边界"上下文选项卡→"模式"命令面板→"（完成编辑模式）"命令，此时会弹出"是否希望将高达此楼层标高的墙附着到此楼层的底部"对话框，单击"否"，完成斜楼板的绘制。打开三维视图，结果如图 7-14所示。

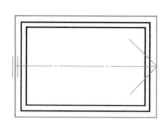

(a) 在楼板上绘制"坡度箭头"　　(b) 设置"坡度箭头"实例属性

图 7-13　利用"坡度箭头"绘制斜楼板

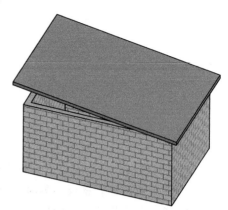

图 7-14　斜楼板

7.1.5　楼板边

使用"楼板边"命令可以创建一些基于楼边边缘的构件，如结构边梁、室外台阶等。在三维视图、平面视图或立面视图中可以拾取楼板的边缘来创建楼板边。

(1) 楼板边的属性

① 楼板边缘类型属性。

轮廓：楼板边的轮廓形状。可从预定义轮廓列表中选择，或者使用"公制轮廓-主体.rft"样板创建自己的轮廓。

材质：在各种视图中指定楼板边的外观，包括图像的渲染。

② 楼板边缘实例属性。

垂直轮廓偏移：修改轮廓的垂直方向偏移量，可向上或向下移动楼板边。

水平轮廓偏移：修改轮廓的水平方向偏移量，可向前或向后移动楼板边。

长度：显示所创建楼板边的实际长度。

体积：显示楼板边缘的实际体积。

角度：显示楼板边与垂直方向的旋转角度。

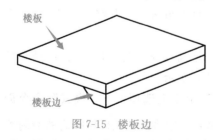

图 7-15　楼板边

(2) 绘制楼板边

① 单击"建筑"选项卡→"构建"面板→"楼板"下拉列表→"楼板：建筑"命令，绘制楼板，如图 7-15 所示。

② 单击"建筑"选项卡→"构建"面板→"楼板"下拉列表→"　（楼板：楼板边缘）"命令，鼠标移至绘图区内高亮显示楼板水平边缘，并单击鼠标以放置楼板边缘，如图 7-15 所示。

③ 要完成当前的楼板边缘，单击"修改│放置楼板边缘"选项卡→"放置"面板→"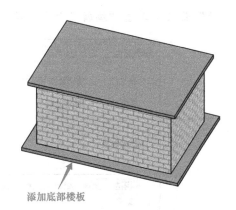（重新放置楼板边缘）"命令。

④ 要开始绘制其他楼板边缘，需将光标移动到新的边缘并单击。

⑤ 要完成楼板边缘的放置，需单击"修改│放置楼板边缘"选项卡→"选择"面板→"修改"命令。

❖【例 7-3】 利用楼板边绘制室外台阶。

① 在图 7-11（a）中添加底部楼板，如图 7-16 所示。

② 创建室外台阶轮廓族

a. 单击" "→"新建"→"族"→"公制轮廓.rft"→"打开"按钮，进入族编辑器，如图 7-17 所示。

b. 单击"创建"选项卡→"详图"命令面板→ （直线）命令，在绘图区内，

添加底部楼板

图 7-16　添加底部楼板

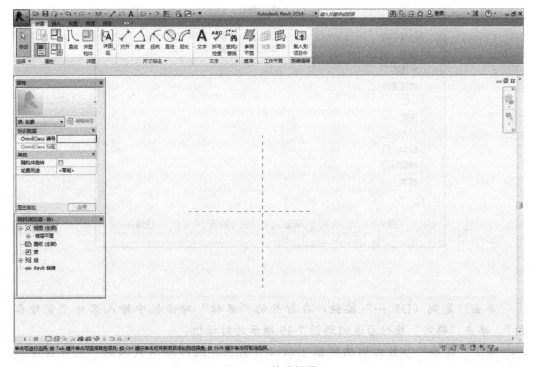

图 7-17　族编辑器

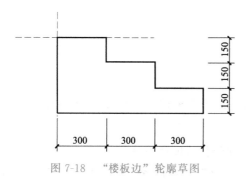

图 7-18　"楼板边"轮廓草图

绘制轮廓草图，如图 7-18 所示。

c. 绘制完成后，保存文件，将其命名为"室外台阶"。

d. 在功能区"族编辑器"面板上单击""命令，将其载入到楼板项目中。

③ 在楼板项目中，单击"建筑"选项卡→"构建"面板→"楼板"下拉列表→""命令，在楼板边缘"属性"面板中单击"编辑类型"命令，打开图 7-19 所示对话框。

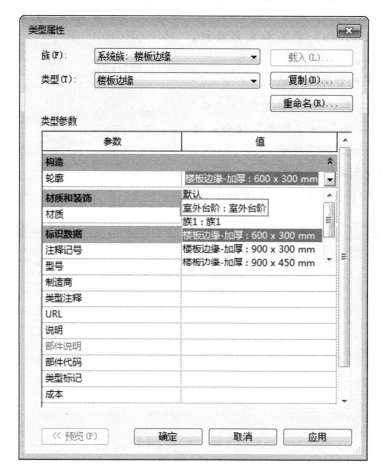

图 7-19　楼板边"类型属性"对话框

单击"复制（D）…"按钮，在打开的"名称"对话框中输入名称"室外台阶"。单击"确定"按钮后返回到图 7-19 所示的对话框。

单击"轮廓"参数右侧编辑框下拉三角箭头，选择刚刚载入的"室外台阶"，单击"确定"按钮。

④ 鼠标移至绘图区内，高亮显示楼板水平边缘，单击鼠标放置台阶，如图7-20所示。

⑤ 在绘图区点选已绘楼板边，拖动两侧的"拖拽控制柄"可调整台阶长度；修改"临时尺寸"数值可确定台阶的位置；点击"翻转控制柄"可修改台阶的方向；在屏幕空白处单击鼠标，完成最终效果，如图7-20所示。

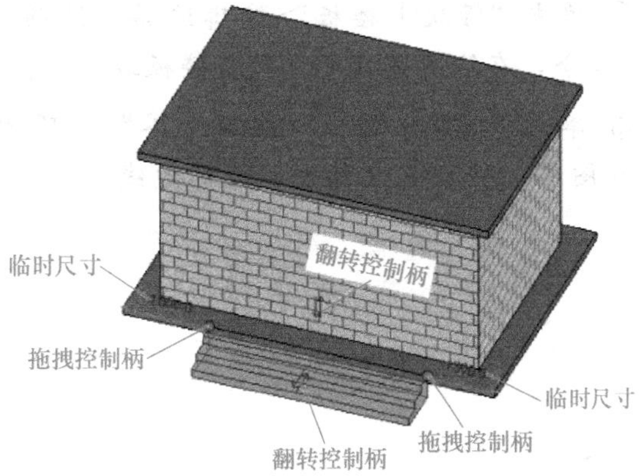

图 7-20 使用"楼板边"创建室外台阶

7.1.6 编辑楼板

(1) 编辑轮廓

在平面视图或三维视图中，选择楼板，然后单击"修改|楼板"选项卡→"模式"面板→" 编辑边界"命令（也可以在平面视图或三维视图中双击楼板），可再次进入到编辑楼板轮廓草图模式，利用"修改|楼板>编辑边界"选项卡提供的"修改"和"绘制"命令面板对楼板的轮廓进行编辑，如图7-21所示。使用该命令，可在楼板上创建洞口、添加雨篷以及楼台等。

图 7-21 "修改|楼板>编辑边界"选项卡

❖【例7-4】 在楼板上添加雨篷。

① 在三维视图中双击楼板，进入编辑楼板轮廓草图模式，如图7-22所示。

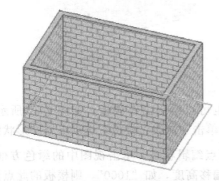

图 7-22 进入编辑楼板轮廓草图模式

图 7-23 打断楼板边线

②单击"修改丨楼板>编辑边界"选项卡→"修改"面板→"⊞（拆分图元）"命令，在绘图区指定位置将楼板边打断，如图7-23所示。

③单击"修改丨楼板>编辑边界"选项卡→"绘制"面板→"╱（线）"命令，按图7-24所示尺寸绘制雨篷的边线。

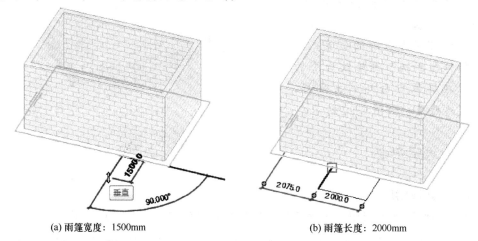

(a) 雨篷宽度：1500mm   (b) 雨篷长度：2000mm

图 7-24　绘制雨篷轮廓

④单击"修改丨楼板>编辑边界"选项卡→"修改"面板→"⊤⊤（修剪/延伸为角）"命令，分别点选两条边线，删除中间的线段，结果如图7-25所示。

⑤单击"修改丨楼板>编辑边界"选项卡→"模式"命令面板→"✔（完成编辑模式）"命令，此时会弹出"是否希望将高达此楼层标高的墙附着到此楼层的底部"对话框，单击"是"，结果如图7-26所示。

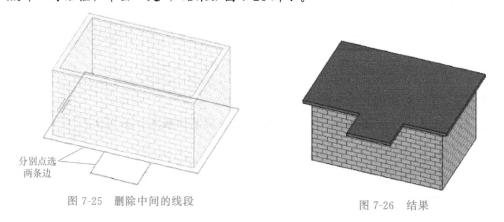

图 7-25　删除中间的线段   图 7-26　结果

(2) 形状编辑

通过"形状编辑"可以编辑楼板的形状，也可以绘制出斜楼板，如图7-27所示。进入平面视图或三维视图，在绘图区选取楼板，单击"修改丨楼板"选项卡→"形状编辑"面板→"⚒（修改子图元）"命令，进入顶点编辑状态，单击视图中的绿色方框，出现"0"文本框，其中可设置该楼板边界点的偏移高度，如"1000"，则楼板的此点向上抬升1000mm。

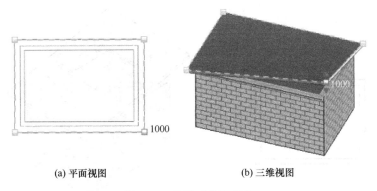

(a) 平面视图　　　　　　　　　　(b) 三维视图

图 7-27　编辑"楼板形状"

(3) 楼板洞口

① 编辑草图轮廓，添加洞口　在平面视图或三维视图中，选择楼板，然后单击"修改｜楼板"选项卡→"模式"面板→"　 ✏（编辑边界）"命令，在楼板边界之内绘制封闭几何图形，即对楼板开洞，如图 7-28 所示。

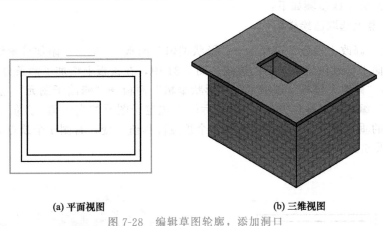

(a) 平面视图　　　　　　　　　　(b) 三维视图

图 7-28　编辑草图轮廓，添加洞口

② 利用"洞口"面板添加洞口　在"建筑"选项卡→"洞口"面板上，有多种创建"洞口"的方式，如"按面""竖井""墙""垂直""老虎窗"等，如图 7-29 所示。

针对不同的开洞主体选择不同的开洞方式，选择后，只需在开洞处绘制封闭洞口轮廓，单击"完成"，即可实现开洞。图 7-30 是采用"按面"方式在斜楼板上添加洞口。

图 7-29　"洞口"面板

> **注 意：**
>
> 　　采用"按面"或"垂直"方式创建洞口时，选择创建洞口命令后，应先选择表面，然后在"修改｜创建洞口边界"选项卡→"绘制"面板上选择适当的绘制工具绘制洞口边界。

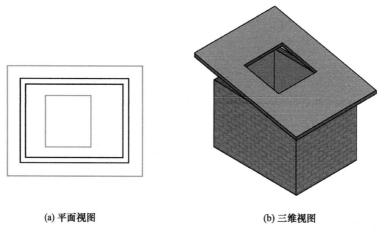

(a) 平面视图   (b) 三维视图

图 7-30　采用"按面"方式在斜楼板上添加洞口

(4) 添加分割线

使用"添加分割线"工具，可以添加线性边，并将楼板分割成两个或多个子面域。在楼板上添加分割线步骤如下：

① 在屏幕上选取已绘楼板。

② 单击"修改│楼板"选项卡→"形状编辑"面板→"　　（添加分割线）"命令，可以在楼板面上任意位置添加新的边线。图 7-31 中，在楼板上增加了两条分割线。

③ 单击"修改│楼板"选项卡→"形状编辑"面板→"修改子图元"。选项栏上将显示"高程"编辑框（绿色方框），单击后输入选定子图元的高程值。此值是顶点与原始楼板顶面的垂直偏移。本例保持左侧 4 个顶点高程值不变，右侧 4 个顶点高程值均设为 500，结果如图 7-31 所示。

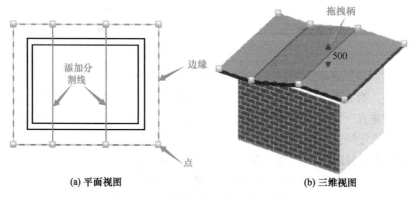

(a) 平面视图   (b) 三维视图

图 7-31　在楼板上添加分割线拆分楼板

注意：

① 拖拽点或边缘以修改位置或高程。

② 拖拽蓝色拖拽柄可以将分割线垂直移动。

③ 拖拽蓝色分割线可以将分割线水平移动。

7.2 屋顶的创建

屋顶是建筑的重要组成部分，Revit中提供了多种屋顶建模工具。单击"建筑"选项卡→"构建"面板→"屋顶"下拉列表→选择绘制命令，如图7-32所示。其中包括迹线屋顶、拉伸屋顶和面屋顶三种屋顶的绘制方式。此外还提供了"屋檐：底板""屋顶：封檐带"和"屋顶：檐槽"工具，用于创建屋面其他相关图元。

图7-32　"屋顶"命令下拉列表

7.2.1　创建迹线屋顶

"迹线屋顶"是根据所绘制的边界线，按照坡度值向上延伸形成一定角度的屋顶。

(1)"修改│创建屋顶迹线"选项卡

从图7-32所示下拉列表中选择"迹线屋顶"命令后，进入绘制屋顶轮廓草图模式。功能区显示"修改│创建屋顶迹线"上下文选项卡，如图7-33所示，其绘制方式除"边界线"的绘制，还包括"坡度箭头"的绘制。

(2)"边界线"绘制方式

绘制屋顶的边界线主要有"拾取墙"和其他绘制方式。采用"拾取墙"方式绘制屋顶边界线，选项栏如图7-34所示。

图7-33　"修改│创建屋顶迹线"上下文选项卡

☑定义坡度　悬挑：800.0　　☐延伸到墙中(至核心层)

图7-34　"拾取墙"方式选项栏

采用"绘制"面板上的其他绘制方式绘制屋顶边界线，则选项栏如图7-35所示。

☑定义坡度　☑链　偏移量：800.0　　☐半径：1000.0

图7-35　其他绘制方式选项栏

选项栏设置：选项栏中勾选"定义坡度"，则绘制的所有边界线都具有坡度（也可在"属性"面板中或选中边界线后，单击角度值设置坡度值）；"偏移量"是相对于拾取线的偏移值；"悬挑"是用于"拾取墙"命令时相对于拾取墙线的偏移。

❖【例7-5】 利用"拾取墙"方式绘制迹线屋顶。

　　① 单击"建筑"选项卡→"构建"面板→"屋顶"下拉列表→" (迹线屋顶)"命令,默认绘制屋顶边界的方法是"拾取墙",在选项栏勾选"定义坡度"选项,并设置"悬挑"为"300"。

　　② 单击"属性"面板→"类型选择器"下拉列表中选取"常规—125mm"后,单击"编辑类型",在屋顶"类型属性"对话框中单击"复制(D)…"按钮,命名为"屋顶—150"。编辑"结构"参数,增加一个面层,"厚度"为"25","材质"为"瓦片-筒瓦",其他参数不变。

　　③ 在绘图区内,绘制屋顶或使用"Tab"键拾取一个闭合环,如图7-36(a)所示。四周的符号" "为坡度符号,"30.00°"为坡度值。要修改某一边线的坡度定义,可选择该边线,在"属性"面板可以取消坡度定义,或者修改坡度,也可直接在屏幕编辑框内修改,如图7-36(b)所示。

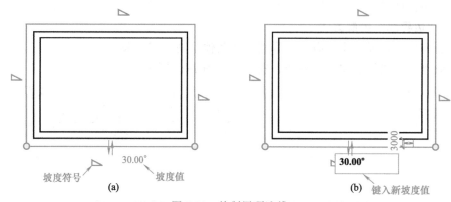

(a)　　　　　　　　　　　　　　(b) 键入新坡度值

图7-36　绘制屋顶迹线

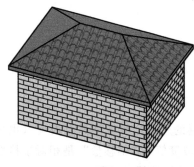

图7-37　迹线屋顶

　　④ 单击"修改 | 创建屋顶迹线"选项卡→"模式"命令面板→" (完成编辑模式)"命令,此时会弹出"是否希望将高亮显示的墙附着到屋顶"对话框,单击"否",完成屋顶的绘制。打开三维视图,结果如图7-37所示。

(3) 坡度箭头绘制方式

除了通过"边界线"定义坡度来绘制屋顶外,

还可通过"坡度箭头"绘制。使用"坡度箭头"绘制屋顶，首先在选项栏取消勾选"定义坡度"，然后通过"坡度箭头"的方式来指定屋顶的坡度，如图 7-38 所示。

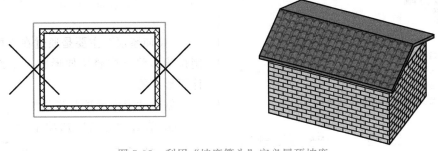

图 7-38 利用"坡度箭头"定义屋顶坡度

注意：

① 绘制坡度箭头后，需在坡度"属性"面板中设置坡度的"最高/低处标高"以及"头/尾高度偏移"，如图 7-39 所示。

限制条件	☆
指定	尾高
最低处标高	默认
尾高度偏移	0.0
最高处标高	默认
头高度偏移	1000.0
尺寸标注	☆
坡度	1:1.73
长度	5000.0

图 7-39 坡度箭头实例属性

② 所画坡度箭头的长度决定坡度的大小，箭头画得越长，坡度越小，反之亦然，如图 7-40 所示。

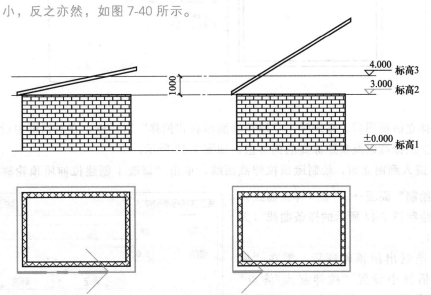

图 7-40 坡度箭头的长度与坡度的关系

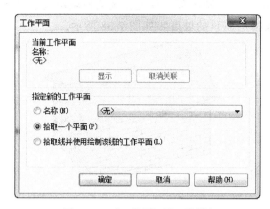

图 7-41 "工作平面"对话框

7.2.2 创建拉伸屋顶

"拉伸屋顶"主要是通过在立面上绘制拉伸形状,按照拉伸形状在平面上拉伸而形成的。

创建"拉伸屋顶"步骤如下。

① 单击"建筑"选项卡→"构建"面板→"屋顶"下拉列表→"⛰ (拉伸屋顶)"命令,如果初始视图是平面,则选择"拉伸屋顶"后,会弹出"工作平面"对话框,如图 7-41 所示。

勾选"拾取一个平面(P)"选项,单击"确定"按钮,返回平面视图。再拾取平面中的一条直线,则系统自动跳转至"转到视图"界面,在平面中选择不同的边线,系统弹出的"转到视图"中可选择的立面是不同的。

如果选择水平边线,则跳转至"南、北"立面,如图 7-42 所示。如果选择垂直边线,则跳转至"东、西"立面;如果选择的是斜边,则跳转至"东、西、南、北"立面,同时三维视图均可跳转。

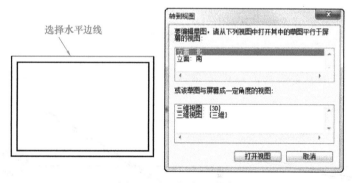

图 7-42 选择水平边线

选择立面视图后,系统弹出"屋顶参照标高和偏移"对话框,在对话框中设置绘制屋顶的参照标高以及参照标高的偏移值,如图 7-43 所示。

② 进入到南立面,绘制屋顶拉伸截面线,单击"修改 | 创建拉伸屋顶轮廓"选项卡→"绘制"面板→"⟋⟍ (样条曲线)"命令,绘制图 7-44 所示的样条曲线(无须闭合)。

③ 绘制出屋顶轮廓后,需在"属性"对话框中设置"拉伸起点/终点"(以"工作平面"为拉伸参照)、"椽截面"等,如图 7-45 所示。同时在"类型

图 7-43 "屋顶参照标高和偏移"对话框

选择器"中选定屋顶的类型为前面定义的"屋顶－150"。

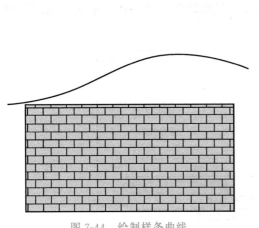

图 7-44 绘制样条曲线

图 7-45 设置"拉伸屋顶"实例属性

④ 单击"修改｜创建拉伸屋顶轮廓"选项卡→"模式"命令面板→"✔（完成编辑模式）"命令，此时会弹出"是否希望将高亮显示的墙附着到屋顶"对话框，单击"是"，完成屋顶的绘制，结果如图 7-46 所示。

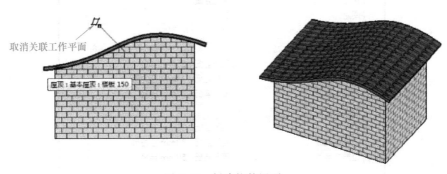

图 7-46 创建拉伸屋顶

7.2.3 玻璃斜窗

玻璃斜窗也是屋顶的一种类型，具有一条或多条坡度定义线，并能连接到幕墙和基本墙。玻璃斜窗可以使用迹线方法或拉伸方法创建。

① 在平面视图中单击"建筑"选项卡→"构建"面板→"屋顶"下拉列表→"　（迹线屋顶）"命令，在"属性"对话框→"类型选择器"下拉列表中选择"玻璃斜窗"。

② 在"修改｜创建屋顶迹线"选项卡→"绘制"面板中选择绘制工具，绘制玻璃斜窗的轮廓，

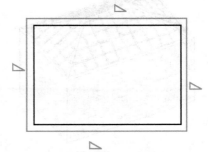

图 7-47 玻璃斜窗轮廓

如图 7-47 所示。

③ 在"属性"面板单击"编辑类型"命令，打开"类型属性"对话框，在该对话框中设置了玻璃斜窗的构造、网格布局及间距、竖梃的类型等参数，单击"确定"按钮，如图 7-48 所示。

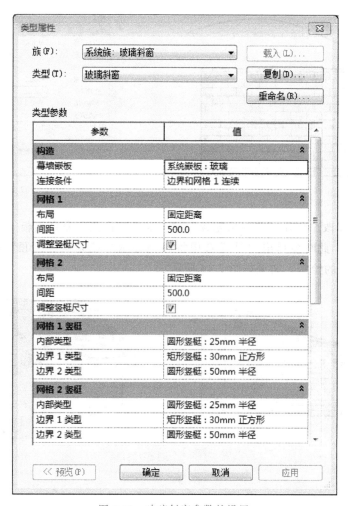

图 7-48　玻璃斜窗参数的设置

④ 单击"修改 | 创建屋顶迹线"选项卡→"模式"命令面板→"✔（完成编辑模式）"命令，结果如图 7-49 所示。

7.2.4　编辑屋顶

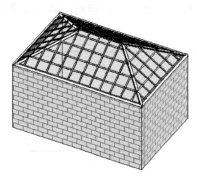

图 7-49　玻璃斜窗

(1) 编辑屋顶草图

选择屋顶，然后单击"修改 | 屋顶"选项卡→"模式"面板→"✏️（编辑迹线）"或"✏️

（编辑轮廓）"命令。利用"修改｜屋顶＞编辑迹线"选项卡提供的"修改"和"绘制"命令面板对楼板的轮廓形状进行编辑，其操作过程与编辑楼板轮廓基本相同。

如果要修改屋顶的位置，使用"属性"选项板来编辑"底部标高"和"自标高的底部偏移"属性。

单击"修改｜屋顶＞编辑迹线"选项卡→"模式"命令面板→"✔（完成编辑模式）"命令。

（2）使用拖拽柄调整屋顶的大小

使用拖拽柄可以调整拉伸屋顶和面屋顶的大小。在相关视图中选择屋顶，根据需要拖拽操纵柄，如图 7-50 所示。

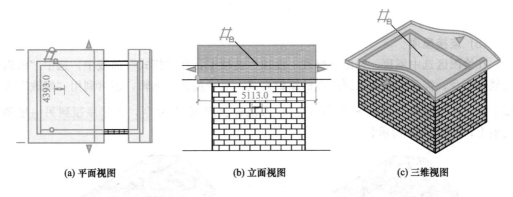

(a) 平面视图　　　　(b) 立面视图　　　　(c) 三维视图

图 7-50　使用拖拽柄调整屋顶的大小

（3）修改屋顶悬挑

在编辑屋顶的迹线时，可以使用屋顶边界线的属性来修改屋顶悬挑。

在草图模式或三维视图下，选择屋顶的边界线；在属性栏上，为"悬挑"输入数值；单击"✔（完成编辑模式）"命令，如图 7-51 所示。

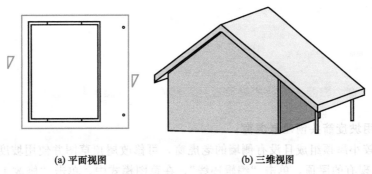

(a) 平面视图　　　　　　(b) 三维视图

图 7-51　修改屋顶悬挑

（4）在拉伸屋顶中剪切洞口

选择拉伸的屋顶，然后单击"修改｜屋顶"选项卡→"洞口"面板→"（垂直）"命令。如果显示了"转到视图"对话框，选择合适的平面视图来编辑轮廓。在平面视图中绘制闭合环洞口。单击"✔（完成编辑模式）"命令，如图 7-52 所示。

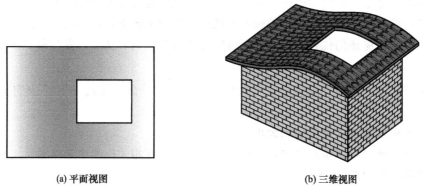

(a) 平面视图　　　　　　　　　　　(b) 三维视图

图 7-52　在拉伸屋顶中剪切洞口

(5) 连接屋顶

在绘图区选中屋顶，弹出"修改｜屋顶"选项卡，在"模式"面板中，选中"编辑迹线"命令，需再次进入屋顶迹线的编辑模式。对于屋顶的编辑，还可利用"修改"选项卡→"几何图形"面板→"⬚（连接/取消连接屋顶）"命令，连接屋顶到另一屋顶或墙上，如图 7-53 所示。

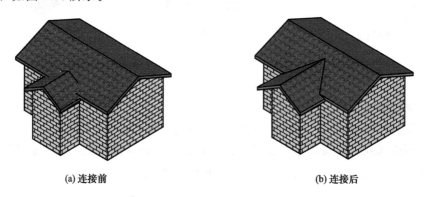

(a) 连接前　　　　　　　　　　　(b) 连接后

图 7-53　连接屋顶

> **注　意：**
>
> 先选中需要去连接的屋顶边界，然后选择连接到的屋顶面。

(6) 使用坡度箭头创建老虎窗

创建由较小屋顶组成且没有侧墙的老虎窗，可修改屋顶草图并使用坡度箭头。

① 选择现有的屋顶，单击"编辑迹线"，在草图模式中，单击"修改｜屋顶＞编辑迹线"选项卡　→"修改"面板→"⬚（拆分图元）"命令。

② 在迹线中的两点处拆分其中一段线，创建一条中间线段（老虎窗线段），如图 7-54（a）所示。

③ 如果老虎窗线段有坡度定义（"⬕"），请选择该线，然后在"属性"面板上清除"定义屋顶坡度"。

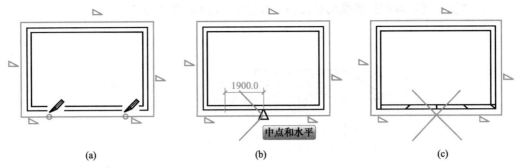

| (a) | (b) | (c) |

图 7-54　使用坡度箭头创建老虎窗

④ 单击"修改｜创建屋顶迹线"选项卡→"修改"面板→"🗲（坡度箭头）"命令，分别从老虎窗线段的两端到中点绘制坡度箭头，如图 7-54（b）、（c）所示，并设置坡度箭头"头高度偏移"为"1000"。

⑤ 选中墙，单击"修改｜墙"选项卡→"修改墙"面板→"🗖（附着顶部/底部）"命令，然后选择楼板，使墙附着到楼板。

⑥ 单击"✔（完成编辑模式）"命令，三维视图效果如图 7-55 所示。

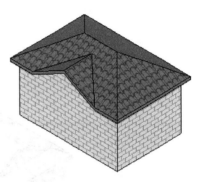

图 7-55　使用坡度箭头
创建老虎窗三维视图

图 7-56　屋顶"属性"面板

7.2.5　实例属性设置

屋顶的参数设置与楼板基本相同，如需要进一步了解，可按"F1"键查询。

对于用"边界线"方式绘制的屋顶，与其他构件不同的是，在"属性"面板中多了截断标高、截断偏移、椽截面以及坡度四个概念，如图 7-56 所示。

① 截断标高：指定标高，在该标高处屋顶会被该截面剪切出洞口，如标高 3 处截断，见图 7-57。以该方式剪切的屋顶可在"截断标高"处放置其他屋顶，构成组合屋顶，如图 7-58 所示迹线屋顶，是由底部的四坡屋顶和顶部的双坡屋顶组合而成。

② 截断偏移：截断面在该标高处向上或向下的偏移值，如图 7-56 所示为 100mm。

③ 椽截面：指的是屋顶边界处理方式，包括垂直截面、垂直双截面与正方形双截面。

④ 坡度：各带坡度边界线的坡度值，如图 7-56 所示为"30°"。

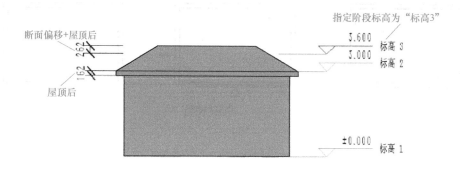

图 7-57　截断标高与截断偏移

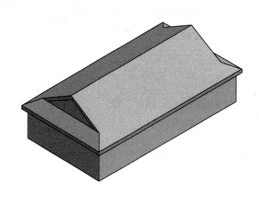

图 7-58　组合屋顶

7.2.6　添加屋檐底板

使用"屋檐：底板"工具来创建建筑图元的底面。若将屋檐底板与其他图元（例如墙和屋顶）关联，则更改或移动墙或屋顶，屋檐底板也将相应地进行调整。可以通过绘制坡度箭头或修改边界线的属性来创建倾斜屋檐底板。

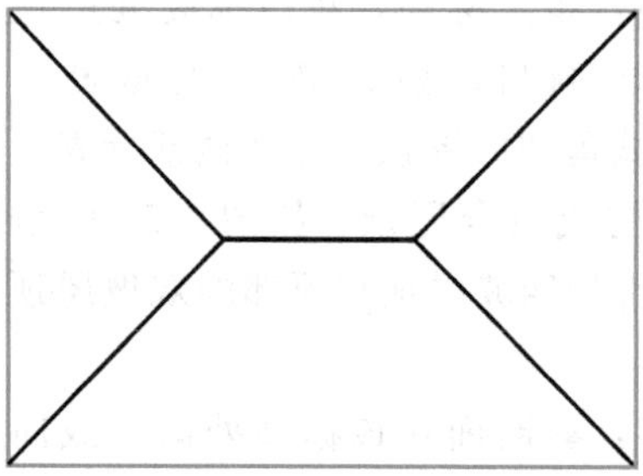

① 单击"建筑"选项卡→"构建"面板→"屋顶"下拉列表→" （屋檐：底板）"命令。

② 单击"修改｜创建屋檐底板边界"选项卡→"绘制"面板→" （拾取屋顶边）"命令。此工具将创建锁定的绘制线。高亮显示屋顶，并单击选择，如图 7-59 所示。

③ 单击" （完成编辑模式）"命令，如图 7-60 所示。

图 7-59　使用"拾取屋顶边"工具选择的屋顶

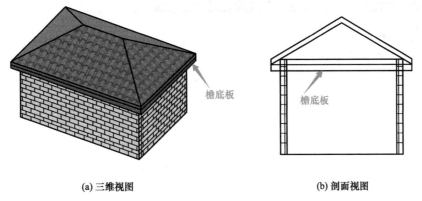

(a) 三维视图   (b) 剖面视图

图 7-60　添加屋檐底板

> **注意：**
>
> 　　"几何图形"面板中"连接几何图形"工具可用于连接檐底板和屋顶，将檐底板连接到墙，然后将墙连接到屋顶。

　　修改实例属性也可更改单个屋檐底板的标高、偏移、坡度和其他属性，此处略。

7.2.7　使用屋顶封檐带

　　使用"屋顶：封檐带"工具将封檐带添加到屋顶、檐底板、模型线或其他封檐带的边。

　　操作方式如下：

　　① 单击"建筑"选项卡→"构建"面板→"屋顶"下拉列表→" （屋顶：封檐带）"命令。

　　② 高亮显示屋顶、檐底板、其他封檐带或模型线的边缘，然后单击以放置此封檐带，如图7-61（a）所示。

　　③ 单击"修改｜放置封檐带"选项卡→"放置"面板→" （重新放置封檐带）"命令完成当前封檐带，同时放置其他封檐带，如图7-61（b）所示。

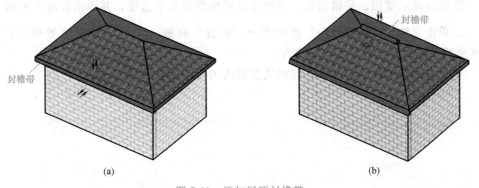

(a)   (b)

图 7-61　添加屋顶封檐带

④ 单击视图中的空白区域，完成放置封檐带的操作。

说明：

① 单击构件边缘时，Revit 会将其作为一个连续的封檐带。如果封檐带的线段在角部相遇，它们会相互斜接。不同的封檐带不会与其他现有的封檐带相互斜接，即使在角部相遇。

② 在添加封檐带后，单击"修改 | 封檐带"选项卡→"屋顶封檐带"面板→"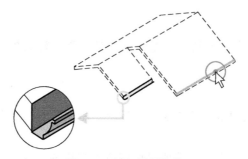（添加/删除线段)"命令，可将其删除。

③ 拖拽控制柄可调整屋顶封檐带的尺寸。

④ 单击出现的翻转控制柄，可以围绕垂直轴或水平轴翻转封檐带。

⑤ 可以使用"公制轮廓-主体.rft"样板创建自己的轮廓，其操作步骤详见本章 7.1.5 节（楼板边）。

7.2.8 添加屋顶檐槽

可以为屋顶、屋檐底板和封檐带边缘添加檐槽。檐槽可以放置在二维视图（如平面或剖面视图）中，也可以放置在三维视图中，操作步骤如下。

图 7-62　添加屋顶檐槽

① 单击"建筑"选项卡→"构建"面板→"屋顶"下拉列表→"（屋顶：檐槽)"命令。

② 高亮显示屋顶、层檐底板、封檐带或模型线的水平边缘，并单击以放置檐槽。

③ 单击"修改 | 放置檐沟"选项卡→"放置"面板→"（重新放置檐沟)"命令完成当前檐沟，并放置不同的檐沟。

④ 单击视图中的空白区域，完成放置檐沟的操作，如图 7-62 所示。

第 8 章

楼梯和坡道

楼梯与坡道是建筑空间竖向的交通联系，是建筑设计中不可缺少的建筑构件。楼梯的种类和样式较多。楼梯按梯段可分为单跑楼梯、双跑楼梯和多跑楼梯。梯段的平面形状有直线、折线和曲线三种形式。

本章主要介绍楼梯与坡度的创建方法及扶手的创建方法。

8.1 楼　梯

在 Revit 中提供了按草图和按构件两种创建楼梯的方式，如图 8-1 所示。

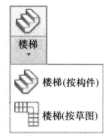

图 8-1　创建
楼梯方式

按草图方式创建楼梯：先绘制楼梯的踢面线及边界线，在属性面板中设置楼梯的高度信息。创建的楼梯为一个建筑构件。

按构件方式创建楼梯：通过定义楼梯梯段、平台等构件，组合成完整楼梯。

按草图绘制的楼梯与按构件绘制的楼梯相比较，其修改更为方便。

8.1.1 按草图创建楼梯

单击"建筑"选项卡→"楼梯坡道"面板→"楼梯"下拉列表→"楼梯（按草图）"命令，进入绘制楼梯草图模式，自动激活"修改 | 创建楼梯草图"上下文选项卡，选择"绘制"面板→" （梯段）"命令，即可开始直接绘制楼梯，如图 8-2 所示。

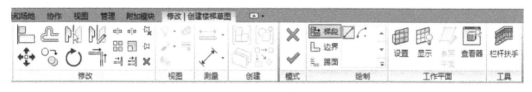

图 8-2　"修改 | 创建楼梯草图"选项卡

(1) 实例属性

在"属性"框中，需要确定"楼梯类型""限制条件"和"尺寸标注"三大类参数，如图 8-3 所示。根据设置的"限制条件"可确定楼梯的高度（标高 1 与标高 2 间高度为 4m），"尺寸标注"可确定楼梯的宽度、所需踢面数以及实际踏板深度，通过参数的设定软件可自动计算出实际的踏步数和踢面高度。

(2) 类型属性

单击"属性"框中的"编辑类型"，在弹出的图 8-4 所示"类型属性"对话框中，主要设置楼梯的"踏板""踢面"与"梯边梁"等参数。

参数说明如下。

① 计算规则。

计算规则：单击按钮以打开"楼梯计算器"对话框，可观察系统计算规则及结果。

最小踏板深度：设置每个踏板的最小深度。实例中设置踏板深度的初始值小于此值时，系统会发出警告。

最大踢面高度：设置每个踢面的最大高度。实例中调整踏步数值超出此值时，系统会发出警告，显示实际踢面高度。

② 构造。

延伸到基准之下：指定梯段延伸到楼梯底部标高之下的距离。当梯段附着到楼板洞口表面，而不是放置在楼板表面上时，选择此选项很有效。要将梯段延伸到楼板之下，输入负值。

整体浇筑楼梯：指定楼梯将由一种材质构造。

平台重叠：将楼梯设置为整体浇筑楼梯时启用。

螺旋形楼梯底面：将楼梯设置为整体浇筑楼梯时启用。如果某个整体浇筑楼梯有螺旋形楼梯，此楼梯底端则可以是光滑式或阶梯式底面。

功能：指示楼梯是内部楼梯（默认值）或者是外部楼梯。

③ 图形。

平面中的波折符号：指定平面视图中的楼梯图例是否具有截断线。

文字大小：修改平面视图中 UP-DN 符号的尺寸。

文字字体：设置 UP-DN 符号的字体。

④ 材质和装饰。

踏板材质：设置踏板材质。

踢面材质：设置踢面材质。

梯边梁材质：设置梯边梁材质。

整体式材质：设置整体式楼梯材质。

⑤ 踏板。

踏板厚度：设置踏板的厚度。

楼梯前缘长度：指定相对于下一个踏板的踏板深度悬挑量。

楼梯前缘轮廓：添加到踏板前侧的放样轮廓。

应用楼梯前缘轮廓：指定单边、双边或三边踏板前缘。

踏板深度最小值：设置"实际踏板深度"实例参数的初始值。如果"实际踏板深度"值小于此值，Revit 会发出警告。

⑥ 踢面。

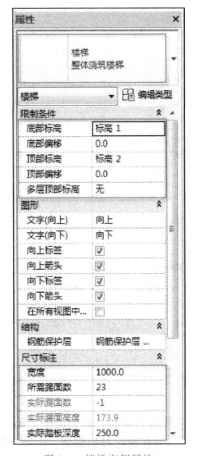

图 8-3　楼梯实例属性

图 8-4 楼梯"类型属性"面板

开始于踢面：如果选中，Revit 将向楼梯开始部分添加踢面。如果清除此复选框，Revit 则会删除起始踢面。注意，如果清除此复选框，则可能会出现有关实际踢面数超出所需踢面数的警告。要解决此问题，需选中"结束于踢面"，或修改所需的踢面数量。

结束于踢面：如果选中，Revit 将向楼梯末端部分添加踢面。如果清除此复选框，Revit 则会删除末端踢面。

> **注 意：**
>
> 如果选择了"结束于踢面"，则不能对梯段末端使用槽口连接方法。

踢面类型：创建直线型或倾斜型踢面或不创建踢面。

踢面厚度：设置踢面厚度。

踢面至踏板连接：切换踢面与踏板的相互连接关系。踢面可延伸至踏板之后，或踏板可延伸至踢面之下。

⑦ 梯边梁。

在顶部修剪梯边梁："在顶部修剪梯边梁"会影响楼梯梯段上梯边梁的顶端。如果选择"不修剪"，则会对梯边梁进行单一垂直剪切，生成一个顶点。如果选择"匹配标高"，则会对梯边梁进行水平剪切，使梯边梁顶端与顶部标高等高。如果选择"匹配平台梯边梁"，则会在平台上的梯边梁顶端的高度进行水平剪切。为了清楚地查看此参数的效果，可能需要清除"结束于踢面"复选框。

右侧梯边梁：设置楼梯右侧的梯边梁类型。"无"表示没有梯边梁；闭合梯边梁将踏板和踢面围住；而开放梯边梁没有围住踏板和踢面。

左侧梯边梁：参见右侧梯边梁的说明。

中间梯边梁：设置楼梯左右侧之间的楼梯下方的梯边梁数量。

梯边梁厚度：设置梯边梁的厚度。

梯边梁高度：设置梯边梁的高度。

开放梯边梁偏移：楼梯拥有开放梯边梁时启用。从一侧向另一侧移动开放梯边梁。例如，如果对开放的右侧梯边梁进行偏移处理，此梯边梁则会向左侧梯边梁移动。

楼梯踏步梁高度：控制侧梯边梁和踏板之间的关系。如果增大此数字，梯边梁则会从踏板向下移动，而踏板不会移动。栏杆扶手不会修改相对于踏板的高度，但栏杆会向下延伸直至梯边梁顶端。此高度是从踏板末端（较低的角部）测量到梯边梁底侧的距离（垂直于梯边梁）。

平台斜梁高度：允许梯边梁与平台的高度关系不同于梯边梁与倾斜梯段的高度关系。例如，此属性可将水平梯边梁降低至 U 形楼梯上的平台。

其他参数略，如需进一步了解，按"F1"键获取帮助。

(3) 创建楼梯

完成楼梯的参数设置后，可直接在平面视图中开始绘制。单击"梯段"命令，捕捉平面上的一点作为楼梯起点，向右拖动鼠标后，梯段草图下方会提示"创建了 10 个踢面，剩余 13 个"，如图 8-5（a）所示。

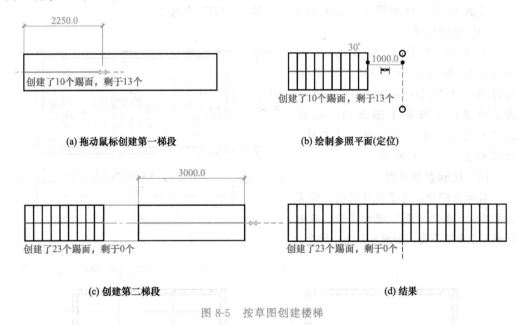

图 8-5　按草图创建楼梯

单击"修改 | 楼梯 > 编辑草图"选项卡→"工作平面"面板→"参照平面"命令，在距离第 10 个踢面 1000mm 处绘制一个竖直参照平面，如图 8-5（b）所示。捕捉参照平面与楼梯中线的交点继续向上绘制楼梯，直到梯段草图下方提示"创建了 23 个踢面，剩余 0 个"，如图 8-5（c）所示。

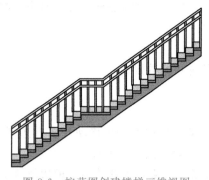

图 8-6　按草图创建楼梯三维视图

完成草图绘制的楼梯如图 8-5（d）所示，单击"✔（完成编辑模式）"命令，打开三维视图以观察效果，如图 8-6 所示。

（4）创建扶手

楼梯扶手除了可以自动生成外，还可单独绘制。单击"建筑"选项卡→"楼梯坡道"面板→"扶手栏杆"下拉列表→"绘制路径"/"放置在主体上"。其中放置在主体上主要是用于坡道或楼梯。

对于"绘制路径"方式，绘制的路径必须是一条单一且连接的草图，如果要将栏杆扶手分为几个部分，需创建两个或多个单独的栏杆扶手，但是对于楼梯平台处与梯段处的栏杆是要断开的，如图 8-7 所示。

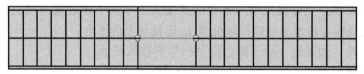

图 8-7　绘制路径

对于已绘制栏杆路径，需要单击"修改｜栏杆扶手"上下文选项卡→"工具"面板→"拾取新主体"，或设置偏移值，才能使得栏杆落在主体上。

❖ **【例 8-1】**　根据图 8-8 给出的尺寸，绘制"U"形楼梯。

（1）创建墙体

在立面图中设置标高 1 为±0.000；标高 2 为 2.850。墙类型选择为"常规-200mm-实心"，并按图示位置，在墙体上添加门。操作过程参见第 5 章、第 6 章，此处略。结果如图 8-9（a）所示。

（2）绘制参照平面

建模过程中，为了精准作图，常常需要绘制"参照平面"进行定位。本例绘制 4 个参照平面，如图 8-9（b）所示。

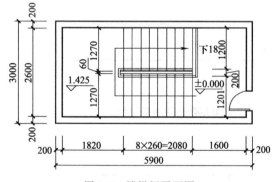

图 8-8　楼梯间平面图

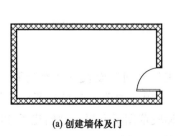

(a) 创建墙体及门　　　　(b) 绘制参照平面

图 8-9　创建墙体并绘制参照平面

（3）设置楼梯实例属性

单击"建筑"选项卡→"楼梯坡道"面板→"楼梯"下拉列表→"▦楼梯（按草图）"命令，在"属性"面板中设置"限制条件"，即设置楼梯的高度（标高 1 与标高 2 间高度为 2.85m），"尺寸标注"中楼梯的宽度（1270）、所需踢面数（18）以及实际踏板深度（260），如图 8-10 所示。

（4）绘制楼梯草图

单击"修改｜创建楼梯草图"选项卡→"绘制"面板→"▦（梯段）"命令，默认情况下，"线"工具╱处于选中状态。如果需要，可在"绘制"面板上选择其他工具。

单击点 A 开始绘制梯段，然后再依次点击 B 点、C 点、D 点，结果如图 8-11（a）所示。

单击"修改｜创建楼梯草图"选项卡→"模式"面板→"✓（完成编辑模式）"命令，结果如图 8-11（b）所示。

（5）编辑休息平台并添加右侧楼板

在屏幕上双击楼梯，进入"修改｜编辑草图"模式，点选休息平台左侧边线，向左移动使其与墙面线重合，如图 8-12（a）所示。单击"模式"面板→"✓（完成编辑模式）"命令。

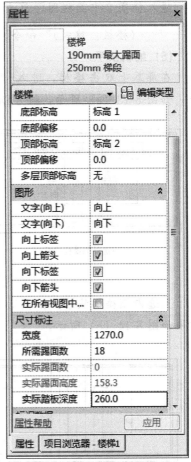

图 8-10　设置楼梯实例属性

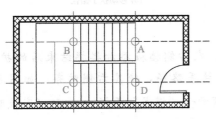

(a) 绘制楼梯草图路径

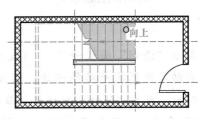

(b) 结果

图 8-11　绘制楼梯草图

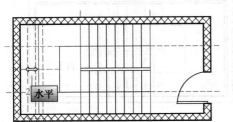

(a) 拉伸休息平台

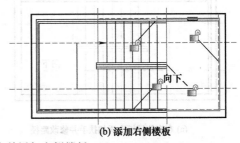

(b) 添加右侧楼板

图 8-12　编辑休息平台并添加右侧楼板

进入标高 2 平面视图，单击"建筑"选项卡→"构建"面板→"楼板"下拉列表→"（楼板：建筑）"命令，在楼梯右侧绘制楼板，如图 8-12（b）所示。

（6）编辑扶手

在屏幕上双击楼梯，进入"修改｜编辑草图"模式，点选靠墙面一侧楼梯扶手，如图 8-13（a）所示，按"Delete"键将其删除，如图 8-13（b）所示。

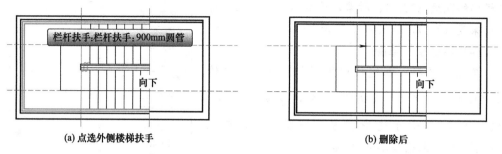

(a) 点选外侧楼梯扶手　　　　　　　　　　　(b) 删除后

图 8-13　删除靠墙面一侧楼梯扶手

点选内侧楼梯扶手，如图 8-14（a）所示，移动上下路径使其间距为 200mm，结果如图 8-14（b）所示。

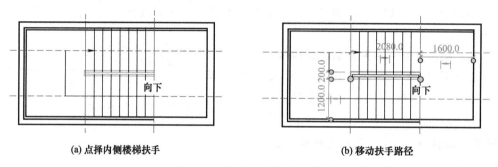

(a) 点择内侧楼梯扶手　　　　　　　　　　　(b) 移动扶手路径

图 8-14　修改内侧楼梯扶手

单击"绘制"面板→"（线）"命令，在右侧楼板添加楼梯结束后的护栏，系统自动与内侧扶手路径相连。调整另一侧扶手路径，使其右侧对齐，如图 8-15（a）所示。单击"修改｜创建楼梯草图"选项卡→"模式"面板→"（完成编辑模式）"命令，结果如图 8-15（b）所示。

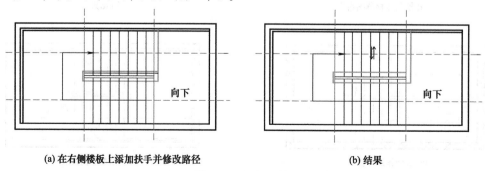

(a) 在右侧楼板上添加扶手并修改路径　　　　　　　(b) 结果

图 8-15　添加护栏

进入三维视图观察（隐藏南面墙体），如图 8-16 所示。

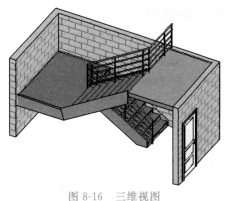

图 8-16　三维视图

8.1.2　按构件创建楼梯

要创建基于构件的楼梯，需要在楼梯部件编辑模式下添加常见和自定义绘制的构件。在楼梯部件编辑模式下，可以直接在平面视图或三维视图中装配构件。

单击"建筑"选项卡→"楼梯坡道"面板→"楼梯"下拉列表→"楼梯（按构件）"命令，弹出的"修改|创建楼梯"上下文选项卡上，"构件""工具"命令面板如图 8-17 所示。

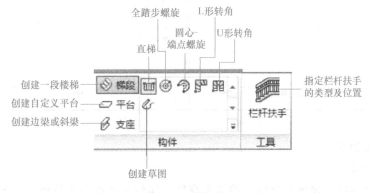

图 8-17　楼梯"构件""工具"面板

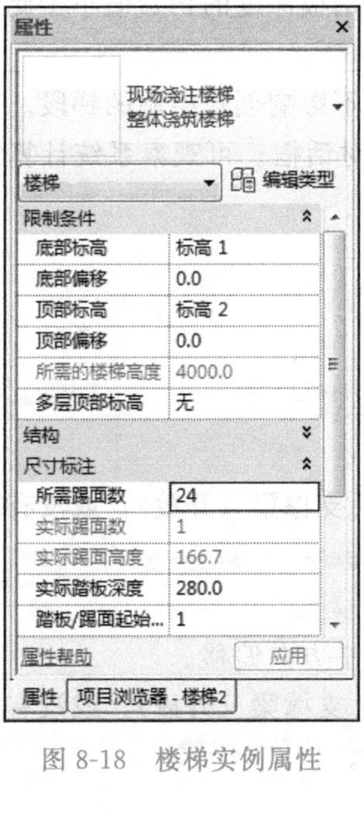

一个基于构件的楼梯包含以下几部分。

梯段：直梯、螺旋梯段、U 形梯段、L 形梯段、自定义绘制的梯段。

平台：在梯段之间自动创建，通过拾取两个梯段，或通过创建自定义绘制的平台。

支座：通过拾取梯段或平台的路径创建边梁或斜梁。

栏杆扶手：指定用于楼梯或坡道的栏杆扶手类型及放置位置。

（1）实例属性

单击"建筑"选项卡→"楼梯坡道"面板→"楼梯"下拉列表→"楼梯（按构件）"命令，在楼梯"属性"面板中设置实例属性，如图 8-18 所示。

（2）类型属性

单击"属性"面板中的"编辑类型"按钮，弹出楼梯"类型属性"对话框，如图 8-19 所示，在对话框中设置各

图 8-18　楼梯实例属性

项的具体参数值。

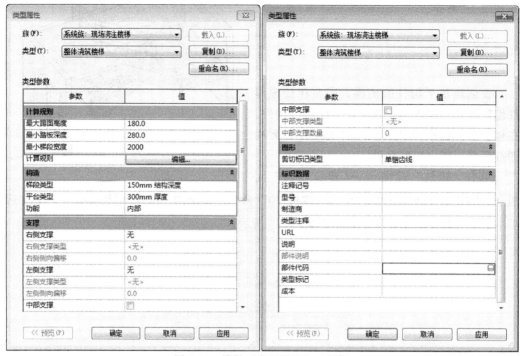

图 8-19　楼梯"类型属性"对话框

参数说明如下。

① 计算规则。

最大踢面高度：设置每个踢面的最大高度。实例中调整踏步数值超出此值时，系统会发出警告，显示实际踢面高度。

最小踏板深度：设置每个踏板的最小深度。实例中设置踏板深度的初始值小于此值时，系统会发出警告。

最小梯段宽度：设置常用梯段的宽度的初始值。此参数不影响创建绘制的梯段。

计算规则：单击"编辑..."按钮打开"楼梯计算器"对话框。可观察系统计算规则及结果。

② 构造。

梯段类型：定义楼梯图元中的所有梯段的类型。

平台类型：定义楼梯图元中的所有平台的类型。

功能：指示楼梯是内部的（默认值）还是外部的。

③ 支撑。

右侧支撑：指定是否连同楼梯一起创建梯边梁（闭合）、支撑梁（开放），或没有右支撑。梯边梁将踏板和踢面围住。支撑梁将踏板和踢面露出。

右侧支撑类型：定义用于楼梯的右支撑的类型。

右侧侧向偏移：指定一个值，将右支撑从梯段边缘沿水平方向偏移。

左侧支撑：指定是否连同楼梯一起创建梯边梁（闭合）、支撑梁（开放），或没有左支撑。梯边梁将踏板和踢面围住。支撑梁将踏板和踢面露出。

左侧支撑类型：定义楼梯左支撑的类型。

左侧侧向偏移：指定一个值，将左支撑从梯段边缘沿水平方向偏移。

中部支撑：指示是否在楼梯中应用中部支撑。

中部支撑类型：定义用于楼梯的中部支撑的类型。

中部支撑数量：定义用于楼梯的中部支撑的数量。

其他参数略，若需要进一步了解，可按"F1"键获取帮助。

(3) 创建楼梯

各参数设置完成后，在平面视图上将鼠标移至绘图区域，单击楼梯的起始位置，沿梯段方向拖动鼠标，系统提示已创建的踢面数和剩余踢面数，如图 8-20（a）所示。

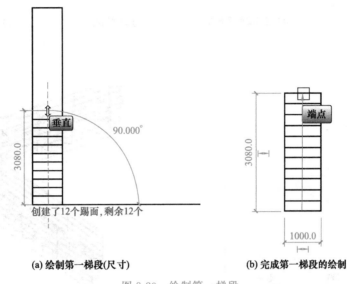

(a) 绘制第一梯段(尺寸)　　　　　　(b) 完成第一梯段的绘制

图 8-20　绘制第一梯段

继续拖动，单击本梯段末端位置，完成第一梯段的绘制，如图 8-20（b）所示。

移动鼠标至下一梯段的起始位置，沿梯段方向拖动鼠标，直到系统提示已创建 12 个踢面，剩余 0 个，如图 8-21（a）所示。单击鼠标绘制第二梯段楼梯的草图，结果如图 8-21（b）所示。

此时楼梯由梯段构件和平台构件组成，在编辑状态下，可对其再次进行编辑，如图 8-22（a）所示。用鼠标单击第一梯段，通过修改临时尺寸可调整梯段的宽度、第一梯段的长度及两梯段间的距离。也可利用"拖拽柄"进行修改。修改完成后在屏幕空白处单击，结束对第一梯段的修改。

若修改休息平台的尺寸，用鼠标单击休息平台，如图 8-22（b）所示，与修改梯段一样，也可以通过修改临时尺寸或利用"拖拽柄"修改休息平台的宽度和长度尺寸。

(4) 绘制扶手

单击"修改|创建楼梯"选项卡→"工具"面板→" (栏杆扶手)"命令，在"栏杆扶手"对话框中设置栏杆扶手的类型为 900mm 圆管和放置位置在踏板上，如图 8-23 所示。

单击"修改|创建楼梯"选项卡→模式"面板→" （完成编辑模式)"命令，结果如图 8-24 所示。

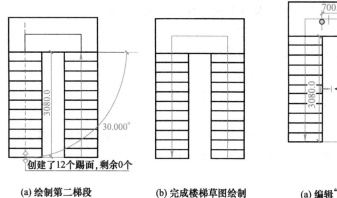

(a) 绘制第二梯段   (b) 完成楼梯草图绘制

图 8-21　绘制第二梯段

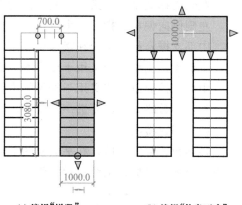

(a) 编辑"梯段"   (b) 编辑"休息平台"

图 8-22　编辑楼梯构件

图 8-23　"栏杆扶手"对话框

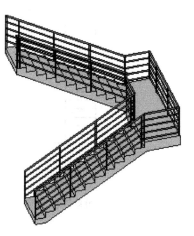

图 8-24　楼梯三维视图

8.2　坡　　道

在平面视图或三维视图中,可使用坡道工具将坡道添加到建筑模型中。还可使用与绘制楼梯所用的相同工具和程序来绘制坡道;与楼梯类似,可以定义直坡道、L 形坡道、U 形坡道和螺旋坡道,还可以通过修改草图来更改坡道的外边界。

(1) 实例属性

单击"建筑"选项卡→"楼梯坡道"面板→" (坡道)"命令,在坡道"属性"面板中设置实例属性,如图 8-25 所示。

(2) 类型属性

单击"属性"面板中"编辑类型"按钮,弹出楼梯"类型属性"对话框,如图8-26

所示，在对话框中设置各项的具体参数值。

各项参数含义与楼梯基本相同，其中"坡道最大坡度（1/x）"用于设置坡道的最大坡度，编辑框中所定义的数值为坡道每升高 1m 其长度方向上的位移量。如本例设置此值为 2，则表示坡度的长度与高度的比值为 2。

（3）绘制坡道

① 单击"建筑"选项卡→"楼梯坡道"面板→"◇（坡道）"命令。

② 在属性对话框中选择坡道类型，并设置实例属性，见图 8-25。

③ 在设置完各类参数后，在绘制状态下，单击"绘制"面板→"⊞⊞（梯段）"命令。坡道的绘制有直线绘制和圆心-端点弧两种方式，对应生成的坡道为直线型坡道和环形坡道。

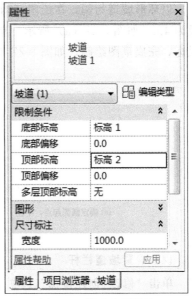

图 8-25　坡道实例属性

图 8-26　坡道"类型属性"对话框

以环形坡道为例，在绘图区内，单击一点作为坡道的起点，拖动鼠标，设置圆弧半径为4m，如图8-27（a）所示。单击鼠标，继续拖动鼠标确定圆弧的方向，再次单击鼠标，完成草图绘制，如图8-27（b）所示。

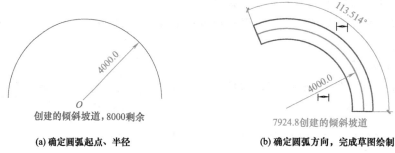

(a) 确定圆弧起点、半径　　　　　　　　(b) 确定圆弧方向，完成草图绘制

图 8-27　绘制环形坡道草图

（4）设置坡道栏杆

单击"修改|创建楼梯"选项卡→"工具"面板→"▣（栏杆扶手）"命令，在"栏杆扶手"对话框中设置栏杆扶手的类型为"玻璃嵌板-底部填充"，如图8-28所示。

单击"修改|创建楼梯"选项卡→模式"面板→"✔（完成编辑模式）"命令，结果如图8-29所示。

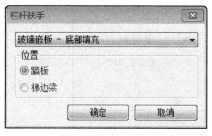

图 8-28　"栏杆扶手"对话框

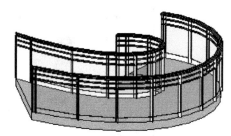

图 8-29　环形坡道

8.3　栏杆扶手

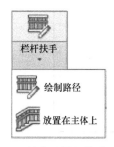

图 8-30　创建"栏杆扶手"命令

绘制楼梯后，自动生成栏杆扶手。选中栏杆，在"属性"栏的下拉列表中可选择其他扶手，如果没有所需的栏杆，可通过"载入族"的方式载入。

（1）创建栏杆

Revit 提供了两种创建栏杆扶手的方法，分别是"绘制路径"和"放置在主体上"，如图8-30所示。

"绘制路径"命令：可以在平面或三维视图中的任意位置创建栏杆。

"放置在主体上"命令：必须先拾取主体才可以放置栏杆，主体是指楼梯和坡道两种构件。

❖【例 8-2】 利用"绘制路径"命令，在楼板上创建栏杆。

① 绘制图 8-31 所示楼板，尺寸自定。绘制楼板的操作详见第 7 章。

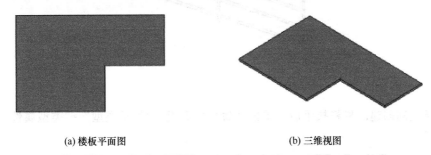

(a) 楼板平面图　　　　　　　　　　(b) 三维视图

图 8-31　创建楼板

② 单击"建筑"选项卡→"楼梯坡道"面板→"栏杆扶手"下拉列表→"▦ (绘制路径)"命令，在弹出的"修改|创建栏杆扶手路径"选项卡→"绘制"面板上单击"⚲ (拾取线)"命令。选项栏参数设置如图 8-32 所示。

☑ 链　偏移量: 100.0　　　　☐ 半径: 1000.0

图 8-32　"拾取线"命令选项栏

在绘图区选取楼板各边线（按"Tab"键可一次选中所有楼板边线），如图 8-33 (a) 所示。

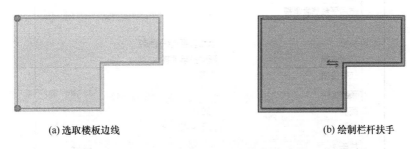

(a) 选取楼板边线　　　　　　　　　　(b) 绘制栏杆扶手

图 8-33　在楼板上创建栏杆扶手

③ 单击模式"面板→"✔ (完成编辑模式)"命令，结果如图 8-33 (b) 所示。

④ 进入三维视图观察，如图 8-34 所示。

(2) 编辑栏杆扶手

为便于设置栏杆扶手的参数，现将栏杆扶手的主要结构绘制成图 8-35 所示的形式。

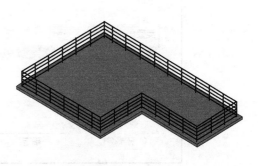

图 8-34　栏杆扶手

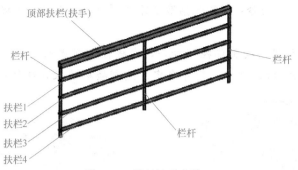

图 8-35　栏杆扶手参数

选择上例创建的栏杆扶手后，单击"属性"面板→"编辑类型"→"类型属性"，如图8-36所示。

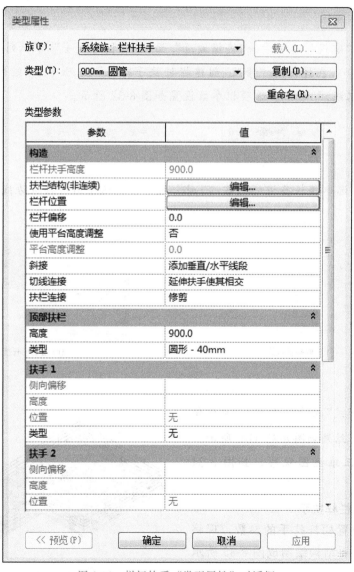

图 8-36　栏杆扶手"类型属性"对话框

① 扶栏结构（非连续）　单击扶栏结构（非连续）的"编辑"按钮，打开"编辑扶手（非连续）"对话框，如图 8-37 所示。可插入新的扶手，"轮廓"可通过载入"轮廓族"载入选择，对于各扶手可设置其名称、高度、偏移、材质等。

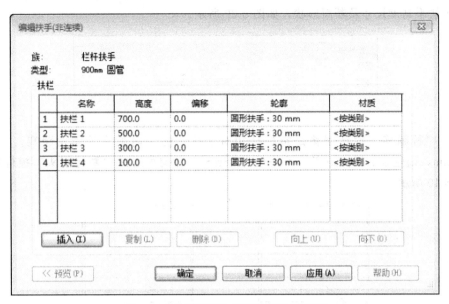

图 8-37　"编辑扶手（非连续）"对话框

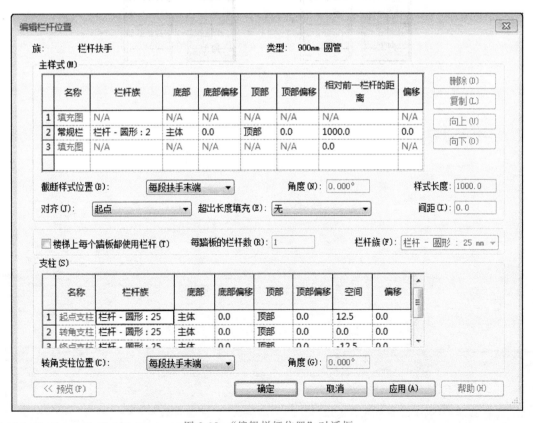

图 8-38　"编辑栏杆位置"对话框

② 编辑栏杆 单击栏杆位置"编辑"按钮，打开"编辑栏杆位置"对话框，如图 8-38 所示。可编辑 900mm 圆管的"栏杆族"的族轮廓、偏移等参数。

③ 编辑"顶部扶栏" "顶部扶栏"习惯称之为扶手，在"类型属性"对话框中，可设置扶手高度尺寸及断面形状，如图 8-39 所示。

顶部扶栏	⌃
高度	900.0
类型	矩形 - 50x50mm

图 8-39 "顶部扶栏"参数设置

④ 栏杆偏移 栏杆偏移是指栏杆相对于扶手路径内侧或外侧的距离。如果为 −25mm，则生成的栏杆距离扶手路径为 25mm，方向可通过"翻转箭头"控件控制，如图 8-40 所示。

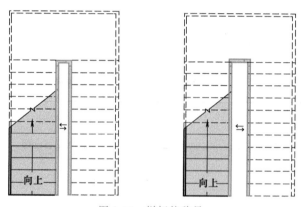

图 8-40 栏杆偏移量

第 9 章

柱 和 梁

本节主要讲述如何创建和编辑建筑柱、结构柱，以及梁、梁系统等，使读者了解建筑柱和结构柱的应用方法和区别。根据项目需要，某些时候需要创建结构梁系统，比如对楼层净高产生影响的大梁等。大多数时候可以在剖面上通过二维填充命令来绘制梁剖面，示意即可。

9.1 创建柱构件

柱分为建筑柱与结构柱，建筑柱和结构柱的创建方法不尽相同，但编辑方法完全相同。建筑柱主要用于砖混结构中的墙垛、墙上突出结构，可以使用建筑柱围绕结构柱创建柱框外围模型，并将其用于装饰，不用于承重。建筑柱适用于墙垛等柱子类型，可以自动继承其连接到的墙体等其他构建的材质，例如墙的复合层可以包络建筑柱。而结构柱用于对建筑中的垂直承重图元建模，并可以进行结构分析计算，尽管结构柱与建筑柱共享许多属性，但结构柱还具有许多由它自己的配置和行业标准定义的其他属性。

9.1.1 创建建筑柱

在 Revit 中，单击"建筑"选项卡→"构建"面板→"柱"下拉列表→"结构柱"/"柱：建筑"命令，选"柱：建筑"命令。激活绘制"柱：建筑"命令后，柱"属性"面板如图 9-1 所示。

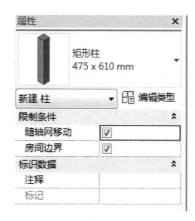

图 9-1 柱"属性"面板

单击"属性"面板"编辑类型"命令，弹出图 9-2所示柱"类型属性"对话框，在"属性"对话框的"类型选择器"中选择适合尺寸规格的柱子类型，如果没有相应的柱类型，可通过"编辑类型"→"复制"功能创建新的柱，并在"类型属性"对话框中修改柱的尺寸规格。如果没有柱族，则需通过"载入族"功能载入柱子族，将项目中需要的建筑柱类型载入到项目中。

激活绘制"柱：建筑"命令后，在柱的选项栏（图 9-3）上指定下列内容。

① 放置后旋转：勾选此选项可以在放置柱后直接将其旋转成设计位置。

② 高度：此设置从柱的底部向上绘制，要从柱的底部向下绘制，需选择"深度"。

③ 标高：标高为选择柱的顶部标高；或者选择"未连接"，然后指定柱的高度。

④ 房间边界：选择此选项可以在放置柱之前将其指定为房间边界。

按设计要求设置完成后，在绘图区域中的设计位置单击以放置柱。

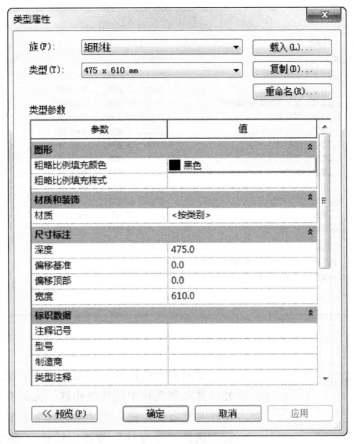

图 9-2 柱"类型属性"对话框

图 9-3 "柱：建筑"命令选项栏

9.1.2 创建结构柱

创建结构柱，必须在当前项目中载入要使用的结构柱族。单击"建筑"选项卡→"构建"面板→"柱"下拉列表→"结构柱"/"柱：建筑"命令，选"结构柱"命令。激活绘制"结构柱"命令，如果没有柱族，则需通过"载入族"功能载入柱子族，将项目中需要的结构柱类型载入到项目中，如图 9-4 所示。

特别对于"结构柱"，在弹出的"修改|放置 结构柱"上下文选项卡上会比"柱：建筑"多出"放置""多个"以及"标记"面板，如图 9-5 所示。

> **注 意：**
>
> 对于结构柱，一般选择"垂直柱"，若选择"斜柱"，需要点击两下确定上下两点的位置。

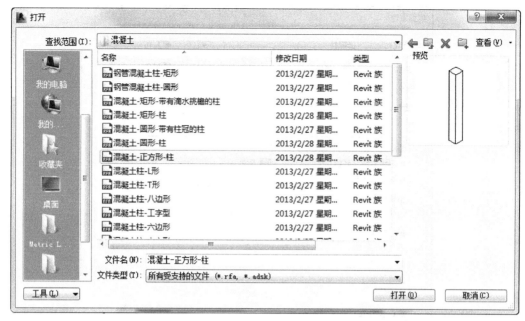

图 9-4　载入柱族

图 9-5　"修改|放置 结构柱"
上下文选项卡

绘制多个结构柱：在结构柱中，能在轴网的交点处以及在建筑柱中创建结构柱。尤其在轴网中创建结构柱非常方便，进入到"结构柱"绘制界面（图 9-5）后，选择"垂直柱"放置，单击"多个"面板中的"在轴网处"，在"属性"对话框中的"类型选择器"中选择需放置的柱类型，从右下向左上框选或交叉框选轴网，如图 9-6 所示，则框选中的轴网交点自动放置结构柱，单击"完成"则在轴网中放置多个同类型的结构柱，如图 9-7 所示。

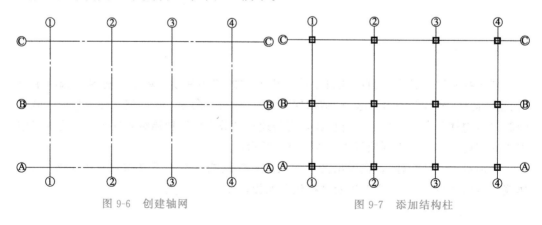

图 9-6　创建轴网　　　　　　　　　　　　　图 9-7　添加结构柱

除此以外，还可在建筑柱中放置结构柱，单击"多个"面板中的"在柱处"，在"属性"对话框中的"类型选择器"中选择需放置的结构柱类型，按住"Ctrl"键可选中多根建筑柱，单击"完成"，则完成在多根建筑柱中放置同类型的结构柱。

9.2 编 辑 柱

虽然建筑柱与结构柱的创建方法不同，但是两者的编辑方法完全相同，只是个别参数有所不同。选择建筑柱，单击"属性"面板中"编辑类型"选项，打开"类型属性"对话框，如图 9-2 所示。其中各项参数的含义如下。

(1) 图形

粗略比例填充颜色：指定在任一粗略平面视图中，粗略比例填充样式的颜色。

粗略比例填充样式：指定在任一粗略平面视图中，柱内显示的截面填充图案。

(2) 材质和装饰

材质：柱的材质。

(3) 尺寸标注

深度：放置时设置柱的深度。

偏移基准：设置柱基准的偏移。

偏移顶部：设置柱顶部的偏移。

宽度：放置时设置柱的宽度。

(4) 标识数据

部件代码：从层级列表中选择的统一格式部件代码。

注释记号：添加或编辑柱注释记号。在值框中单击，打开"注释记号"对话框。

类型：柱的模型类型。

制造商：柱材质的制造商。

类型注释：指定柱的建筑或设计注释。

URL：设置对网页的链接。例如，制造商的网页。

说明：提供柱的说明。

部件说明：基于所选部件代码的部件说明。

类型标记：此值指定特定柱。对于项目中的每个柱，此值必须唯一。如果此值已被使用，Revit 会发出警告信息，但允许继续使用。

成本：建造柱的材质成本。此信息可包含于明细表中。

OmniClass 编号：OmniClass 构造分类系统（能最好地对族类型进行分类）中的编号。

OmniClass 标题：OmniClass 构造分类系统（能最好地对族类型进行分类）中的名称。

当选择混凝土结构柱后，打开相应的"类型属性"对话框。该对话框中的参数与建筑柱"类型属性"对话框相比更为简单，除了相同的"标识数据"参数组外，"尺寸标注"只有 h 与 b 两个参数，分别用来设置结构柱的深度与宽度。

9.3 创建梁构件

梁是用于承重用途的结构图元，每个梁的图元是通过特定梁族的类型属性定义的。此外，还可以修改各种实例属性来定义梁的功能。结构梁一般不需要在建筑模型当中进行绘制，通常由结构工程师创建完成后，链接到建筑模型当中使用。如果没有结构模型，而建筑剖面图中又需要体现梁的截面大小，这时需要建筑师在模型当中绘制结构梁以供出图使用。较好的做法是先添加轴网和柱，然后创建梁。将梁添加到平面视图中时，必须将底剪裁平面设置为低于当前标高，否则梁在该视图中不可见，但如果使用结构样板，视图范围和可见性设置会相应地显示梁。

9.3.1 梁属性

单击"结构"选项卡→"结构"面板→"梁"命令，则进入到梁的绘制界面中，如果

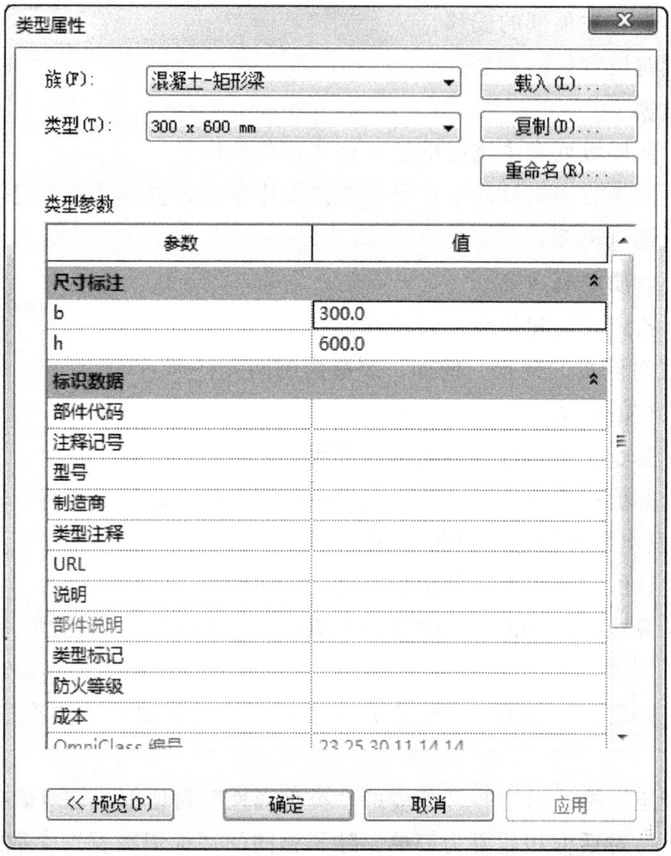

图 9-8 设置梁属性

没有梁族，则需通过"载入族"方式从族库中载入。

在"梁"命令选项栏中可选择梁的放置平面，还可从"结构用途"下拉箭头中选择梁的结构用途或让其处于自动状态。结构用途参数可以包括在结构框架明细表中，这样便可以计算大梁、托梁、檩条和水平支撑的数量，如图9-9所示。

图 9-9　选项栏

9.3.2　创建梁

一般梁的绘制可参照 CAD 底图，设置不同的尺寸，单击并捕捉起点和终点来绘制梁。

> **注意：**
> 梁放置平面如果是在三维中，可选择各轴网所在的平面；平面中只可选择各标高所在的平面。

在"梁"命令选项栏中勾选"三维捕捉"选项，通过捕捉任何视图中的其他结构图元，可以创建新梁。这表示可以在当前工作平面之外绘制梁。例如，在启用了三维捕捉之后，不论高程如何，屋顶梁都将捕捉到柱的顶部。勾选"链"后，可绘制多段连接的梁，如图9-10所示。查看梁在三维视图中的效果，如图9-11所示。

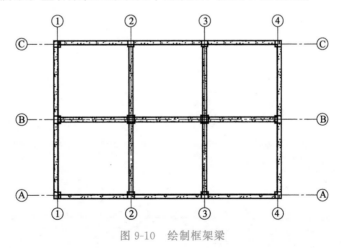

图 9-10　绘制框架梁

也可使用"多个"面板中的"轴网"命令，拾取轴网线或框选、交叉框选轴网线，点"完成"，系统自动在柱、结构墙或其他梁之间放置梁。

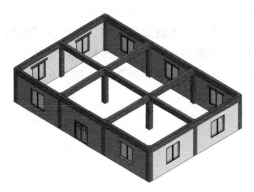

图 9-11　梁三维视图效果

　　通过 Revit 可实现建筑工程师与结构工程师的模型相互参照，协同作业。若在当前实际项目建模过程中采用链接结构或其他模型形成完整的 BIM 模型，可实现跨专业协同作业。

第 10 章
场地与场地构件

场地作为房屋的地下基础，要通过模型表达出建筑与实际地坪间的关系，以及建筑周边的道路情况。

10.1　创建场地

单击"体量和场地"选项卡→"场地建模"面板→" (地形表面)"命令，功能区显示"修改|编辑表面"选项卡，如图10-1所示。

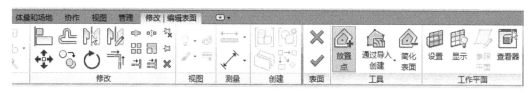

图10-1　"修改|编辑表面"选项卡

在场地平面或三维视图中，通过放置点、导入三维数据或导入点文件创建地形表面。本节以"放置点"命令为例阐述创建场地的操作流程。

10.1.1　场地设置

单击"体量和场地"选项卡→"场地建模"面板→" "按钮，在弹出的图10-2所

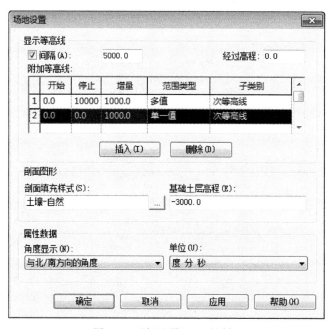

图10-2　"场地设置"对话框

示"场地设置"对话框中,可设置等高线间隔、经过高程、添加自定义的等高线(插入)、剖面填充样式、基础土层高层、角度显示、单位等项目场地设置参数。

各项参数说明如下。

(1) 显示等高线

间隔:设置等高线间的间隔。

经过高程:等高线间隔是根据经过高程值来确定的。例如,如果将等高线间隔设置为10,则等高线将显示在−20、−10、0、10、20的位置;如果将"经过高程"值设置为5,则等高线将显示在−25、−15、−5、5、15、25的位置。

(2) 附加等高线

开始:设置附加等高线开始显示的高程。

停止:设置附加等高线不再显示的高程。

增量:设置附加等高线的间隔。

范围类型:选择"单一值"可以插入一条附加等高线。选择"多值"可以插入增量附加等高线。

子类别:设置将显示的等高线类型。从列表中选择一个类型。

(3) 剖面图形

剖面填充样式:设置在剖面视图中显示的材质。

基础土层高程:控制着土壤横断面的深度。该值控制项目中全部地形图元的土层深度。

(4) 属性数据

角度显示:指定建筑红线标记上角度值的显示。

单位:指定显示在建筑红线表中的方向值时要使用的单位。

10.1.2 创建地形表面

可以在场地平面视图或三维视图中创建地形表面。

① 打开第7章绘制的建筑图7-53。

② 进入场地平面视图,单击"体量和场地"选项卡→"场地建模"面板→" (地形表面)"命令,默认情况下,弹出的"修改|编辑表面"选项卡→"工具"面板→" (放置点)"命令处于激活状态。

③ 在选项栏 高程 0 | 绝对高程 ▼ 上设置"高程"值为"0",高程为"绝对高程"。在视图中单击鼠标放置一系列点,生成第一条等高线,如图10-3所示。

④ 在选项栏中重新定义高程为"1000",绘制第二条等高线;定义高程为"2000",绘制第三条等高线;最后设置高程为"5000",绘制第四条等高线。

> **注意:**
>
> 由于在图10-2"场地设置"对话框附加等高线选项中,增量(设置附加等高线的间隔)设置为"1000",因此在第三、第四等高线之间系统自动绘制了2条等高线,如图10-4所示。

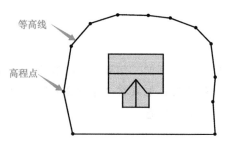

等高线

高程点

图 10-3　绘制第一条等高线

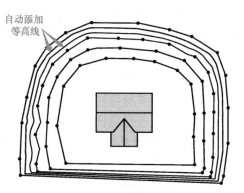

自动添加
等高线

图 10-4　绘制其余等高线

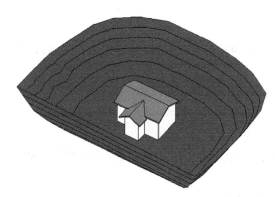

图 10-5　三维视图

⑤ 单击"修改|编辑表面"选项卡→"表面"面板→"✔（完成表面）"命令，进入三维视图观察，结果如图 10-5 所示。

10.1.3　标记等高线

标记等高线用以指示其高程。等高线标签显示在场地平面视图中。

① 打开图 10-4 所示的场地平面视图。

② 单击"体量和场地"选项卡→"修改场地"面板→"﹐₅₀（标记等高线）"命令。

③ 绘制一条直线与所有等高线相交，标签显示在等高线上，如图 10-6 所示。由于标签文字较小，需要放大视图才能看清这些标签。

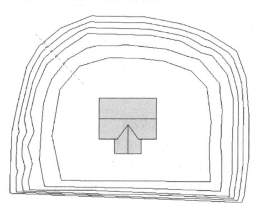

图 10-6　添加等高线标签

④ 在绘图区点选等高线标签，在"属性"面板单击"编辑类型"命令，打开标签的"类型属性"对话框，如图 10-7 所示。可设置"文字大小"为 5，"单位格式"为 m。

⑤ 参数设置完成后，单击"确定"按钮，结果如图 10-8 所示。

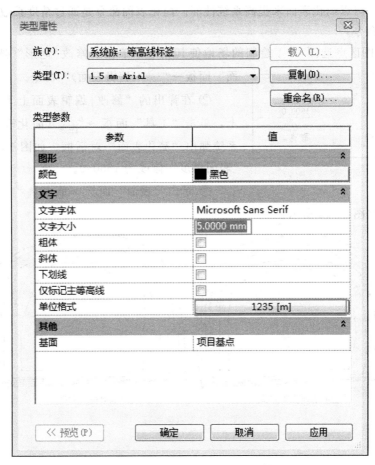

图 10-7 标签"类型属性"对话框

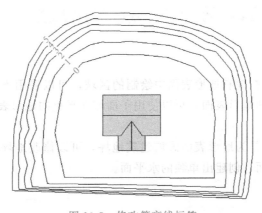

图 10-8 修改等高线标签

10.1.4 简化表面

地形表面上的每个点都创建几何图形，这样会增加计算耗用。当使用大量的点创建地形表面时，可以简化表面来提高系统性能。简化表面命令是通过精度系数对多点平面进行简化的命令。

① 在绘图区点选图 10-4 绘制的场地使其亮显，单击“修改|地形”选项卡→“表面”面板→“（编辑表面）”命令。

图 10-9　“简化表面”对话框

② 在弹出的“修改|编辑表面上下文”选项卡上，单击“工具”面板→“（简化表面）”命令，系统弹出“简化表面”对话框，如图 10-9 所示，将“表面精度”修改为 1500.0。

③ 单击“表面”面板→单击“（完成表面）”命令，结果如图 10-10 所示。

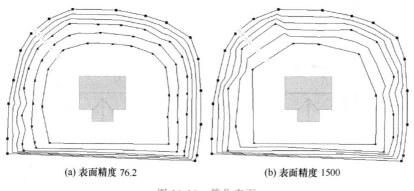

(a) 表面精度 76.2　　　　　　　　(b) 表面精度 1500

图 10-10　简化表面

10.2　子面域与建筑地坪

“子面域”命令是在现有地形表面中绘制的区域，可以采用不同的属性（如材质）。子面域不会剪切现有的地形表面，可以使用子面域在平整的地形表面绘制道路或绘制停车场区域。

“建筑地坪”命令是为地形表面添加建筑地坪，可以修改地坪的结构和深度。建筑地坪可以剪切地形表面，创建出单独的水平面。

10.2.1　子面域

(1) 创建子面域

① 打开图 10-4 所画地形表面的场地平面视图。

② 单击“体量和场地”选项卡→“修改场地”面板→“（子面域）”命令。Revit 将进入草图模式。

③ 单击"修改|创建子面域边界"选项卡→"绘制"面板→"☐（矩形）"命令（或使用其他绘制工具在地形表面上创建一个子面域），如图 10-11（a）所示。

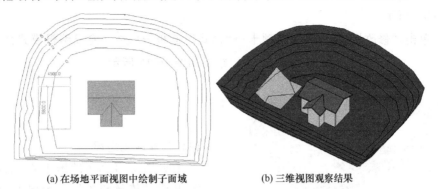

(a) 在场地平面视图中绘制子面域   (b) 三维视图观察结果

图 10-11   创建"子面域"

④ 在子面域"属性"对话框中为子面域指定新的材质，如"小草"。

⑤ 单击"修改|创建子面域边界"选项卡→"模式"面板→"✔（完成编辑模式）"命令，进入三维视图观察，结果如图 10-11（b）所示。

> **注意：**
>
> ① 必须使用单个闭合环创建地形表面子面域。如果创建多个闭合环，则只有第一个环用于创建子面域，其余环将被忽略。
>
> ② 创建子面域不会生成单独的表面。若要创建可独立编辑的表面，可使用"拆分表面"工具。
>
> ③ 可以锁定子面域的边界到详图构件（使用拾取线命令绘制子面域），当移动详图构件时，子面域会自动调整。

（2）修改子面域的边界

① 选择图 10-11 所示的子面域。

② 单击"修改|地形"选项卡→"子面域"面板→"🖊（编辑边界）"命令。

③ 单击"修改|编辑边界"选项卡→"绘制"面板→"⟳（圆形）"命令（或使用其他绘制工具）在地形表面上添加边线修改子面域，如图 10-12（a）所示。

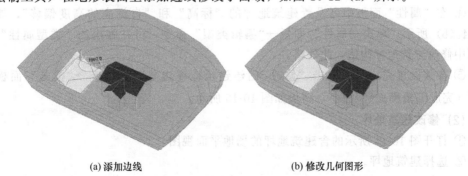

(a) 添加边线   (b) 修改几何图形

图 10-12   修改子面域边界

④ 单击"修改|编辑边界"选项卡→"修改"面板→"⊡ （拆分图元）"命令，分别将直线和圆形在图 10-12（a）中红色箭头所指两点处打断，删除重叠线，结果如图 10-12（b）所示。

⑤ 单击"修改|编辑边界"选项卡→"模式"面板→"✔ （完成编辑模式）"命令，结果如图 10-13 所示。

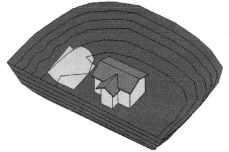

图 10-13　修改子面域

10.2.2　建筑地坪

(1) 创建建筑地坪

① 打开图 10-4 所示的场地平面视图。

② 单击"体量和场地"选项卡→"场地建模"面板→"⊡ （建筑地坪）"命令，Revit 将进入草图模式。

③ 单击"修改|创建建筑地坪边界"选项卡→"绘制"面板→"▭ （矩形）"命令（或使用其他绘制工具）在地形表面上创建一个建筑地坪，如图 10-14（a）所示。

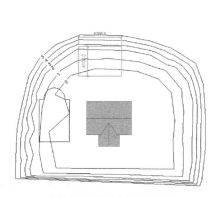

(a) 在场地平面视图中绘制建筑地坪

(b) 建筑地坪实例属性

图 10-14　创建"建筑地坪"

④ 在"属性"面板中可设置建筑地坪的"标高"和"自标高的高度偏移"，如图 10-14（b）所示。单击"属性"面板→"编辑类型"命令，可在弹出的"类型属性"对话框中修改建筑地坪构造，此处略。

⑤ 参数设置完成后，单击"修改|创建建筑地坪边界"选项卡→"模式"面板→"✔ （完成编辑模式）"命令，结果如图 10-15 所示。

(2) 修改建筑地坪

① 打开图 10-14 所示的含建筑地坪的场地平面视图。

② 选择建筑地坪。

③ 单击"修改|建筑地坪"选项卡→"模式"面板→"✎ （编辑边界）"命令。在弹

出的"修改|建筑地坪＞编辑边界"选项卡上，单击"绘制"面板→"▎▎(边界线)"命令，然后使用草绘工具进行必要的修改，也可使用"绘制"面板上的其他绘制工具进行添加修改。

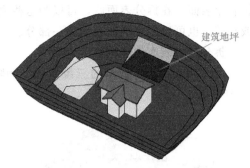

④ 若需绘制倾斜的建筑地坪，可单击"绘制"面板→"▱(坡度箭头)"命令，如图 10-16（a）所示。在"属性"面板中设置坡度限制条件，如图 10-16（b）所示。

图 10-15　建筑地坪

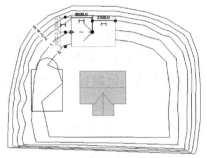

(a) 绘制坡度符号

限制条件	ᐱ
指定	尾高
最低处标高	默认
尾高度偏移	1500.0
最高处标高	默认
头高度偏移	1000.0

(b) 设备坡度限制条件

图 10-16　创建倾斜建筑地坪

⑤ 单击"修改|建筑地坪＞编辑边界"选项卡→"模式"面板→"✔(完成编辑模式)"命令，进入三维视图观察，结果如图 10-17 所示。

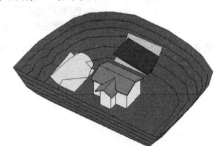

图 10-17　倾斜建筑地坪

10.3　拆分与合并地形表面

10.3.1　拆分表面

使用"拆分表面"命令，可以将一个地形表面拆分为多个不同的表面，然后分别编辑各个表面。在拆分表面后，可以为这些表面赋予不同的材质来表示公路、广场、湖泊或丘陵，也可以删除地形表面的一部分。

拆分地形表面创建道路步骤如下：

① 打开图10-17所示的三维视图，删除其中的建筑物、子面域和建筑地坪，如图10-18所示。

② 单击"体量和场地"选项卡→"修改场地"面板→" （拆分表面）"命令。

③ 进入场地平面视图，在绘图区域中，选择要拆分的地形表面。Revit将进入草图模式。

④ 单击"修改|拆分表面"选项卡→"绘制"面板→" （样条曲线）"命令（或使用其他绘制工具）绘制拆分边界，如图10-19（a）所示。

图10-18　调用地形表面

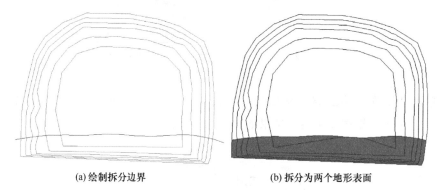

(a) 绘制拆分边界　　　　　　(b) 拆分为两个地形表面

图10-19　拆分地形表面

注意：
　　拆分边界可以绘制一个不与任何表面边界接触的单独闭合环，或绘制一个单独的开放环。开放环的任何部分都不能相交，或者不能与表面边界重合。

⑤ 单击"修改|拆分表面"选项卡→"模式"面板→" （完成编辑模式）"命令，即将地形表面拆分为两个部分，如图10-19（b）所示。

⑥ 重复步骤④、⑤，在地形表面绘制另外3条样条曲线，将地形表面拆分为5个区域。其中区域3设定道路材质为"沥青"。区域2、区域4为道路两侧的护坡，材质指定为"场地-碎石"。单击"视图控制栏"→" （视觉样式）"弹出列表→" （一致的颜色）"命令，结果如图10-20所示。

⑦ 在绘图区选择编号为3的区域（道路），单击"视图控制栏"→" （临时隐藏/隔离）"→"隔离图元（I）"命令，结果如图10-21所示。

⑧ 单击"修改|地形"选项卡→"表面"面板→"（编辑表面）"命令（为便于操作，在视图控制栏将视觉样式修改为线框），在绘图区框选所有的"边界点"，在选项栏中，设置其高程为0。平整道路在一个水平面上，如图10-22所示。

⑨ 单击"视图控制栏"→"（临时隐藏/隔离）"命令→"重设临时隐藏/隔离"命令，进入三维视图观察，结果如图10-23所示。

图 10-20　多次拆分地下表面

图 10-21　隔离图元

图 10-22　编辑"边界点"

⑩ 重复步骤⑦、⑧，分别选择编号为2和编号为4的区域（护坡），将其靠近道路一侧边线的"边界点"的高程均修改为0。进入三维视图观察，结果如图10-24所示。

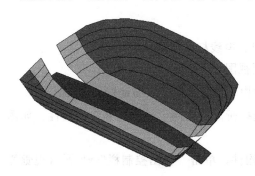

图 10-23　平整道路

图 10-24　拆分地形表面创建道路

10.3.2　合并表面

使用"合并表面"命令可以将两个单独的地形表面合并为一个表面，要合并的表面必须重叠或共享公共边。

此命令多用于重新连接拆分表面。

① 单击"体量和场地"选项卡→"修改场地"面板→"（合并表面）"命令。勾选选项栏上"删除公共边上的点"选项。此选项可删除表面被拆分后所插入的多余点。

② 选择一个要合并的地形表面，如点选区域3（道路）。

③ 选择另一个地形表面，如点选区域4（护坡），这两个表面将合并为一个地形表面（道路）。此时，护坡4被取消与道路融合为一整体，且道路具有一定的坡道，如图10-25所示。

图 10-25　合并地形表面

10.4　场　地　构　件

10.4.1　添加场地构件

可在场地平面中放置场地专用构件（如树、电线杆或消防栓等）。

① 打开图 10-25，显示要修改的地形表面视图。

② 单击"体量和场地"选项卡→"场地建模"面板→"🌲（场地构件）"命令。

③ 在"属性"面板→"类型选择器"中选择所需的构件，并设置其实例属性，如图 10-26 所示。

④ 在绘图区域中单击以添加一个或多个构件，单击"视图控制栏"→"🔲（视觉样式）"→"🔲（真实）"命令，结果如图 10-27 所示。

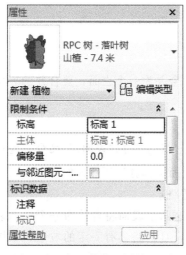

图 10-26　场地构件"属性"面板

图 10-27　添加场地构件

10.4.2 载入场地构件族文件

单击"体量和场地"选项卡→"场地建模"面板→"🌲（场地构件）"→"模式"面板→"⬇️（载入族）"命令。

在弹出的"载入族"对话框中，选择"China/建筑/场地"，如图 10-28 所示。系统提供"附属设施""公共设施""后勤设施""体育设施"及"停车场"五大类族文件供选择。

图 10-28 "载入族"对话框

如需载入"施工用车"族文件，则双击"后勤设施"，在下一级对话框中双击"交通工具"，在"交通工具"目录下选择"施工用车"实例文件，如图 10-29 所示。

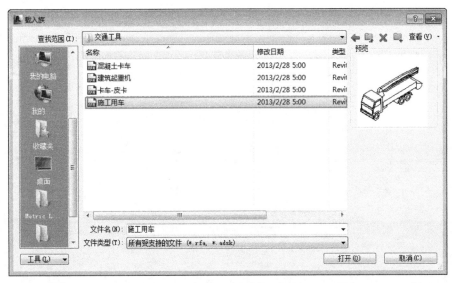

图 10-29 载入"施工用车"族文件

单击"打开"按钮,返回绘图界面,在绘图区放置"施工用车"前,移动鼠标,观察放置车的位置及方向,选定位置后,单击鼠标,将"施工用车"放置在场地道路上,如图 10-30 所示。

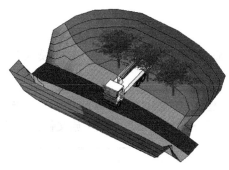

图 10-30　在场地放置"施工用车"

10.4.3　编辑场地构件

① 单击"修改|场地"选项卡→"修改"面板→"◯（旋转）"命令,将其旋转 90°,如图 10-31 所示。

② 利用鼠标拖拽"造型操纵柄"移动"施工用车"位置,如图 10-32 所示。

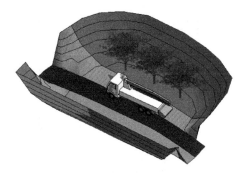

图 10-31　旋转"施工用车"

图 10-32　调整"施工用车"位置

第 11 章

图　　纸

图纸是施工图文档集（由几张图纸组成）的一个独立页面，在项目中，可创建多种施工图，包括建筑平面图、建筑立面图、建筑剖面图以及大样节点详图等。

11.1 图纸的创建

11.1.1 创建图纸

① 打开别墅项目文件（二维码）。

② 单击"视图"选项卡→"图纸组合"面板→⬚（图纸）命令，弹出"新建图纸"对话框，如图 11-1 所示。

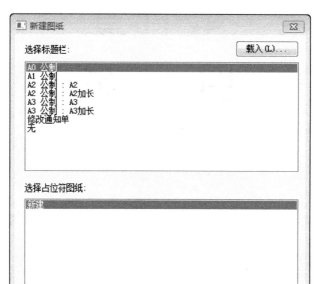

图 11-1 "新建图纸"对话框

若需自行设置标题栏，选择"无"标题栏，结果如图 11-2 所示。

11.1.2 设置标题栏格式

① 单击▲→"新建"→"标题栏"命令，打开用于创建标题栏族的样板文件。系统

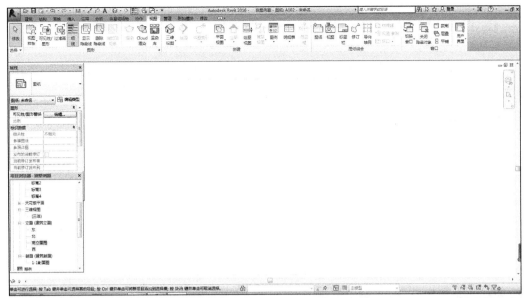

图 11-2 创建图纸

弹出"新图框-选择样板文件"对话框，在其上选择"A3 公制.rft"，如图 11-3 所示。

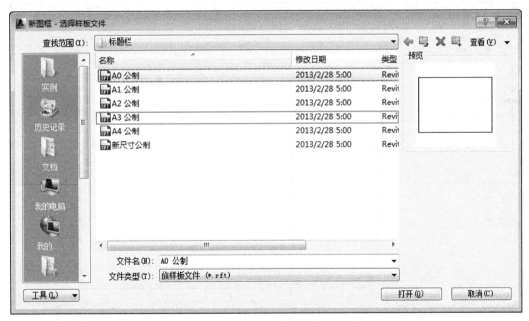

图 11-3 "新图框-选择样板文件"对话框

　　② 单击"打开"按钮，进入图纸编辑模式，如图 11-4 所示。

　　③ 单击"创建"选项卡→"详图"面板→"⌐（直线）"命令，绘制图框线（装订边 25mm；其余边 5mm），结果如图 11-5 所示。

　　④ 单击"创建"选项卡→"详图"面板→"⌐（直线）"命令，在图框右下角绘制如图 11-6 所示表格，也可在 CAD 中绘制表格后，导入到当前族文件中。表格可根据专业要求创建，本例标题栏如下。

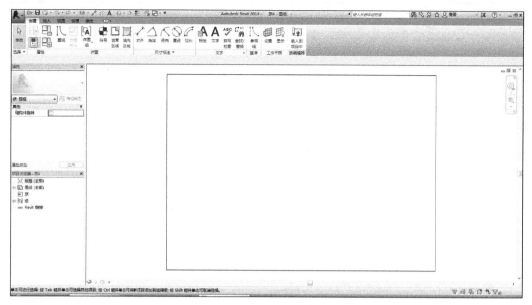

图 11-4　标题栏编辑界面

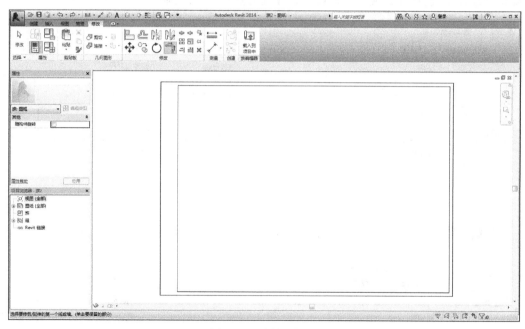

图 11-5　绘制图框线

⑤ 单击"创建"选项卡→"文字"面板→"A（文字）"命令，在标题栏中添加文字注释，如图 11-7 所示。

11.1.3　创建注释标签

注释标签是添加到标题栏上的文字占位符。可以在族编辑器中，将标签创建为标题

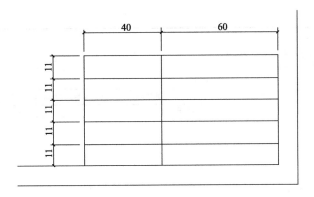

图 11-6 绘制"标题栏"

项目名称	
图纸名称	
图纸编号	
图纸发布日期	
设计者	

图 11-7 编写标题栏内容

栏族的一部分。当在项目中放置标题栏时，相当于放置了标签的替代文字，并且文字为族的一部分。

① 在新建的族文件中，单击"创建"选项卡→"文字"面板→" （标签）"命令。

在"属性"面板中选择标签类型，在"修改|放置 标签"选项卡→"格式"面板中选择文字对齐方式，如图 11-8 所示。

在屏幕空白处点取一点，打开图 11-9 所示"编辑标签"对话框。可以使用"编辑标签"对话框指定一个或多个参数。左侧"类别参数"窗口中包含与标记类型相关的标签参数。右侧"标签

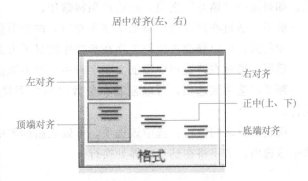

图 11-8 标签文字对齐方式

参数"窗口中包含在标签中显示的类别参数。通常情况下，这里只设置单个参数，也可以设置复杂的链接标签。

该对话框操作方法如下。

高亮显示"类别参数"窗口中的参数，单击" （将参数添加到标签）"可以将其移入"标签参数"窗口中。

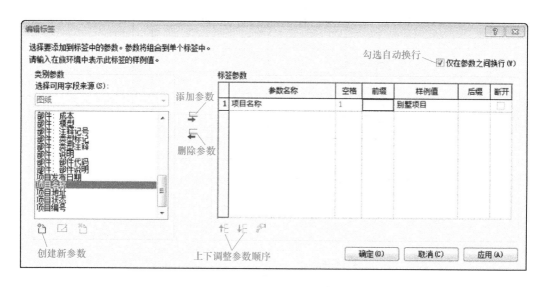

图 11-9 "编辑标签"对话框

高亮显示"标签参数"窗口中的参数,单击"（删除参数)"可以将其移出"类别参数"窗口中。

标签显示"标签参数"窗口中列出的参数,可以通过高亮显示某个参数,然后使用"（上移参数)"和"（下移参数)"移动其位置来重新对标签排序。

如有需要,可单击对话框左下角"（添加参数)",增加新的参数。

对话框其他参数说明如下。

空格:通过输入空格的个数(大于等于零),可以增加或减少标签中参数之间的间距。如果选中"断开"选项,则该选项将禁用。

前缀:通过在该选项中添加文字字符串,向参数值添加前缀。

样例值:可以修改占位符文字在参数中的显示方式。

后缀:通过在该选项中添加文字字符串,给参数值添加后缀。

断开:选中该选项,可以强制在参数之后立即换行。否则,文字将在标签边界处换行。

仅在参数之间换行:选中该选项,可以强制标签中的文字在参数末尾换行。如果未选中该选项,文字将在到达边界处换行。

图 11-10 标签显示实例

单击"确定(O)"按钮,对话框中样例值选项如图 11-10 所示。

② 标签的实例属性。在绘图区单击已创建标签,"属性"面板显示其示例属性,如图 11-11 所示。

各参数说明如下。

样本文字:在"编辑标签"对话框中显示"样例值"的只读字段。

标签：启动"编辑标签"对话框。

仅在参数之间换行：强制文字换行，这样可在参数末尾打断。如果未选中该选项，文字将在到达标签边界处换行。

垂直对齐：将文字定位到标签边界的"顶""中部"或"底"。

水平对齐：将文字与标签边界的"左""中心线"或"右"对齐。

保持可读：当旋转标签时，标签中的文字仍保持可读，不会颠倒显示。

可见：设置标签在项目中是否可见。

③ 标签类型属性。单击标签"属性"面板→"编辑类型"命令，打开标签"类型属性"对话框，如图 11-12 所示。

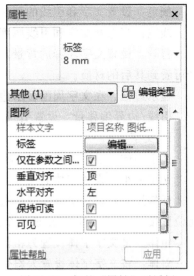

图 11-11　标签"属性"对话框

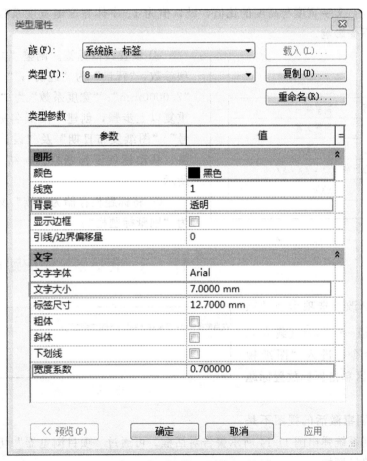

图 11-12　标签"类型属性"对话框

各参数说明如下。

a. 图形。

颜色：设置文字和引线的颜色。

线宽：当选择文字和引线厚度时可设置环绕文字的线的厚度。

背景：设置文字注释的背景。不透明背景的注释会遮挡其后的材质。透明背景的注释可看到其后的材质。

显示边框：在文字周围显示边框。

引线/边界偏移量：设置引线/边界和文字之间的距离（此数值设为0）。

b. 文字。

文字字体：设置文字字体。默认字体为 Arial。

文字大小：设置字体的尺寸。

标签尺寸：设置文字注释的选项卡间距。创建文字注释时，可以在文字注释内的任何位置按"Tab"键，将出现一个指定大小的制表符。

粗体：将文字字体设置为粗体。

斜体：将文字字体设置为斜体。

下划线：在文字下加下划线。

宽度系数：文字宽度与高度的比值，默认值为1。字体宽度随宽度系数按比例进行调整，高度不受影响。

④ 设置其他标签。调整"类型属性"各项参数，"背景"为"透明"；"文字大小"为"7.0000mm"；"宽度系数"为"0.700000"。重复以上步骤，创建"图纸名称""图纸编号""图纸发布日期"及"设计者"四个标签，移动标签至标题栏内，结果如图 11-13 所示。

⑤ 将标题栏存储为"族"文件，并命名为"别墅标题栏"。

此列参数为"编辑标签"对话框样例值集	
项目名称	别墅项目
图纸名称	图纸名称
图纸编号	J-XXX
图纸发布日期	XX-XX-XX
设计者	XXX

图 11-13　标题栏中的标签

11.1.4　将标题栏添加到图纸

单击"修改"选项卡→"族编辑器"面板→"⬆ （载入到项目中）"命令，进入"图纸视图"，在绘图区单击鼠标放置标题栏及图框。

图 11-14　Revit 警告对话框

① 如果别墅激活的视图不是图纸视图，则系统弹出图 11-14 所示警告对话框。可通过"项目浏览器"切换进入图纸视图，以放置标题栏。

② 在创建新的图纸时，可通过图纸"属性"面板选择所创建的标题栏。

③ 标题栏添加到图纸中后，分别单击各个标签，可修改标签参数值，如图 11-15

所示。

项目名称	别墅项目
图纸名称	平、立、剖面图
图纸编号	J-001
图纸发布日期	07/24/17
设计者	设计者

图 11-15　修改标题栏中标签参数

11.2　视图的添加

在图纸中可以添加建筑的一个或多个视图，包括楼层平面、场地平面、天花板平面、立面、三维视图、剖面、详图视图、绘图视图和渲染视图等。每个视图仅可以放置到一个图纸上，若要在项目的多个图纸中添加特定视图，需创建视图副本，然后才可将特定视图放置到不同的图纸上。为快速打开并识别放置视图的图纸，可在"项目浏览器"中的视图名称上单击鼠标右键，然后单击"打开图纸"。

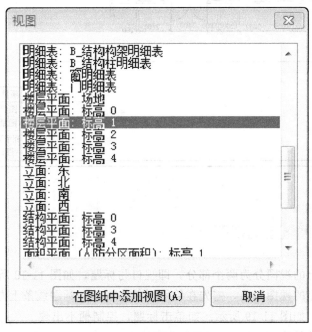

图 11-16　"视图"对话框

11.2.1 添加视图步骤

① 单击"视图"选项卡 → "图纸组合"面板 → "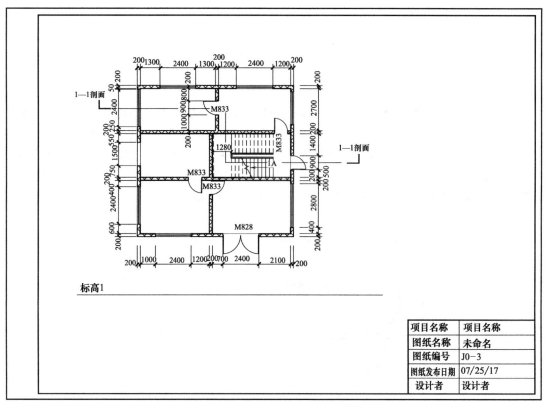（放置视图）"命令。打开图 11-16 所示"视图"对话框，在"视图"对话框中选择一个视图，然后单击"在图纸中添加视图（A）"按钮。

要将视图添加到图纸中，还可以在"项目浏览器"中，展开视图列表，找到该视图，然后将其拖拽到图纸上。

② 将视图添加到图纸上后，在绘图区域的图纸上移动光标时，所选视图的视口会随其一起移动，单击以将视口放置在所需的位置上，如图 11-17 所示。

图 11-17　在图纸中添加视图

11.2.2 修改图纸上的视图标题

添加到图纸上的视图分为两个部分，即视口与标题，如图 11-18 所示。

要修改图纸上的视图标题，需先在绘图区单击视口，标题线条上左右各出现一个蓝色的拖拽控制柄，如图 11-19 所示。如单击标题，控制柄不出现。

（1）修改线条长度

要修改与视图标题一起显示的水平线的长度，可拖拽控制柄将水平线缩短或加长。

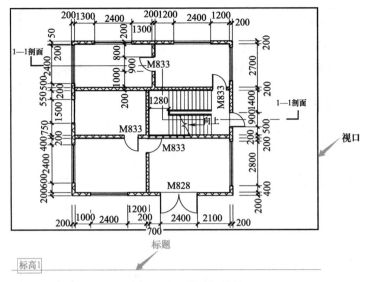

图 11-18　视口与标题

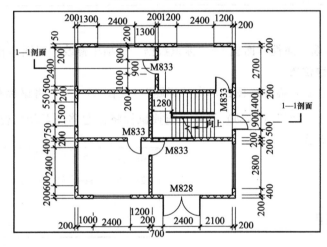

图 11-19　修改图纸上的视图标题

　　如取消线条显示，则单击"属性"面板 → "编辑类型"命令，在打开的"类型属性"对话框中，取消对"显示延伸线"的勾选。在该对话框中还可设置线条的"线宽"和"颜色"，如图 11-20 所示。

(2) 重命名视图名称

① 单击视图名称字符，在编辑框输入视图名称，如图 11-21 所示。

　　修改完成后在屏幕空白处单击鼠标，弹出图 11-22 所示对话框，询问是否重命名相应的标高和视图。单击"是"，则会修改"项目浏览器"中和"图纸"上的视图的名称。单击"否"，则会在项目浏览器中保留当前视图名称，在图纸上指定一个不同的视图标题进行显示。

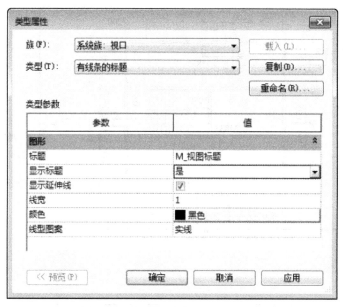

图 11-20　标题"类型属性"对话框

② 也可在标题"属性"面板 → "标识数据"选项中修改"视图名称"。

(3) 调整标题位置

要调整标题位置，需在绘图区单击"标题"（见图 11-18），将鼠标移至"线条"上时，在线条上出现"✛"（移动）符号，拖拽鼠标将标题移动至新的位置，放开鼠标，结果如图 11-23 所示。

图 11-21　修改视图名称　　　　　　图 11-22　Revit 提醒对话框

注意：

若单击"视口"则在移动"标题"时，"视口"的位置会随之一起移动。

如果需要修改详图编号或视图比例，需通过"族编辑器"进行编辑。

11.2.3　图纸的布置

一张图纸上放置多个视图时，可以将视图与"导向轴网"对齐以进行精确放置。

① 单击"视图"选项卡 → "图纸组合"面板 → "🗂（放置视图）"命令。打开图 11-16所示"视图"对话框，在"视图"对话框中选择"南立面图"然后单击"在图

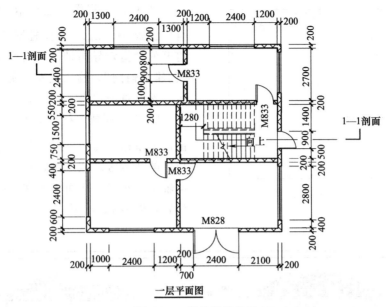

一层平面图

图 11-23　调整标题位置

纸中添加视图"。同样方法，将"1—1剖面图"添加到图纸中。分别修改"南立面图"
和"1—1剖面图"图纸上的视图标题，结果如图11-24所示。

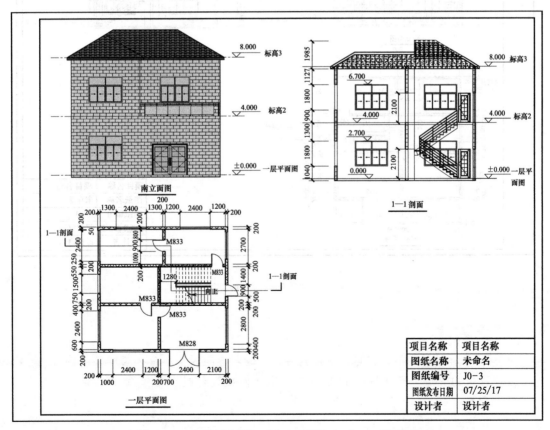

项目名称	项目名称
图纸名称	未命名
图纸编号	J0-3
图纸发布日期	07/25/17
设计者	设计者

图 11-24　在图纸中添加"南立面图"和"1—1剖面图"

图 11-25 "指定导向轴网"对话框

② 单击 "视图" 选项卡 → "图纸组合" 面板 → "▦（导向轴网）" 命令。在打开的 "指定导向轴网" 对话框中，选择 "创建新轴网"，输入名称，如图 11-25 所示，然后单击 "确定" 按钮。

③ 选择所放置视图的视口，然后在功能区上单击 "✛（移动）" 命令。捕捉视口中的裁剪区域或基准，移动，使其与导向轴网线对齐，从而指定在图纸上的确切位置，如图 11-26 所示。

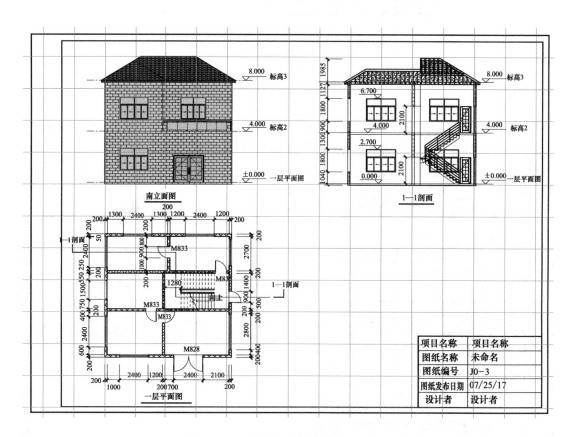

图 11-26 移动各视图与导向轴网对齐

注意：

移动视图时，仅可以捕捉到平行于轴网导向的基准（参照屏幕或轴网）的交点，无法捕捉到非正交基准，例如弧形轴网或有角度的参照平面。

④ 布置好视图后，删除导向轴网，结果如图 11-27 所示。

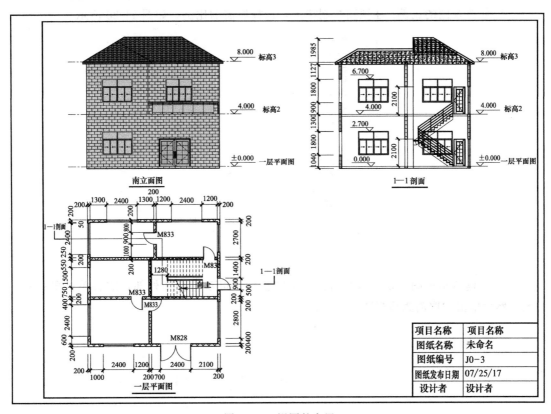

图 11-27　视图的布置

11.2.4　激活视图

① 单击"修改 | 视口"选项卡 → "视口"面板→ " ⊞ （激活视图）"命令。
Revit 以半色调显示图纸标题栏及其内容。通常仅显示活动视图的内容，现在可以根据需要编辑该视图，可以放大绘图区域，以更加清晰地观察图元。

> **注意：**
>
> 　　双击图纸上的视口也可以激活视图。要实现此功能，可在"选项"命令中进行设置。单击打开"应用程序菜单"，单击其右下角"选项"按钮，在"用户界面"选项中为"图纸上的视图/明细表"指定双击动作。

② 根据需要修改视图。
可以执行下列操作：
a. 添加尺寸标注。
b. 添加文字注释。
c. 在视图的视口内平移视图，一般仅视图的一部分在图纸上可见。视图的裁剪区域不会移动。在激活的视图上单击鼠标右键，并单击"平移活动视图"，拖拽光标以平移视图。

　　d. 修改视图的比例。在视图控制栏上，选择所需的比例，如图 11-28 所示。

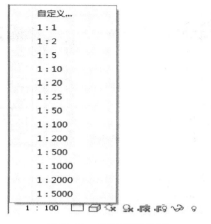

图 11-28　修改视图比例

　　③ 取消激活视图。要取消激活图纸上的视图，可双击视图外部，或者单击鼠标右键，然后单击"取消激活视图"。

11.3　创建剖面视图

11.3.1　创建剖面视图步骤

　　打开"别墅"一层平面视图（或打开任意一个 Revit 项目文件），单击"视图"选项卡→"创建"面板→" ⬦ （剖面）"命令，在平面视图中单击两点绘制剖面线，创建一个剖面，如图 11-29 所示。

　　(1) 裁剪区域

　　图 11-29 中的虚线框为裁剪区域。可通过拖拽蓝色控制柄调整裁剪区域的大小，剖面视图的宽度和深度将相应地发生变化。

　　(2) 线段间隙

　　创建剖面视图时，若想在图纸中不显示剖面线，则单击截断控制柄" ⟶⟵ （线段间隙）"，并调整剖面线线段的长度。截断剖面线对剖面视图中显示的其他项不会产生任何影响。

> **注意：**
>
> 　　要重新连接剖面线，可再次单击截断控制柄，如图 11-30 所示。

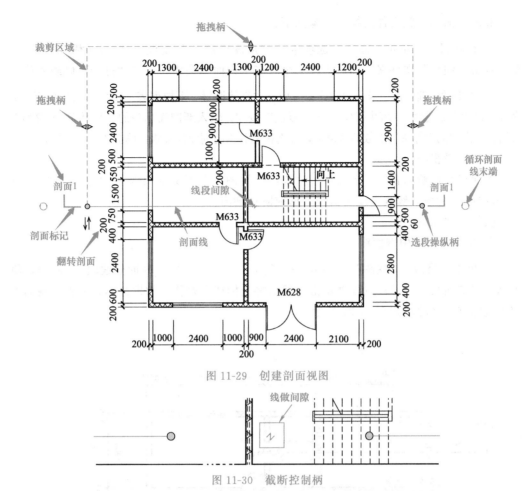

图 11-29　创建剖面视图

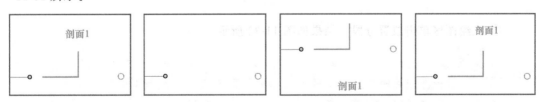

图 11-30　截断控制柄

（3）翻转控件

单击"↓↑（翻转剖面）"控件，可翻转视图查看方向。

（4）循环剖面线末端

单击"↻（循环剖面线末端）"控件，可控制剖面线末端的可见性与位置，如图 11-31 所示。

(a) 默认状态	(b) 单击第一次取消标头	(c) 单击第二次标头在下方	(d) 再次单击恢复默认状态

图 11-31　循环剖面线末端的操作

（5）剖面标头

剖面标头族用于创建显示在剖面线端部的符号。开始创建时，Revit 会指定默认符号，也可根据需要使用自定义的符号。一个项目中可包含多个标头符号。

载入剖面标头族文件的操作步骤如下：

① 在项目中，单击"插入"选项卡→"从库中载入"面板→"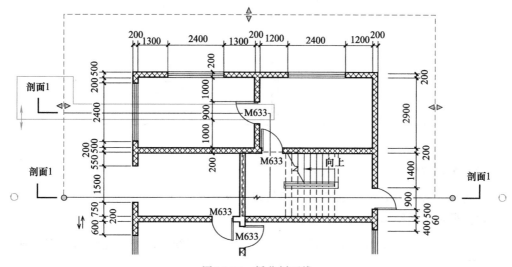（载入族）"命令。双击"注释"文件夹，然后选择一个或多个剖面标头族，单击"打开"以载入族。

② 单击"管理"选项卡→"设置"面板→"其他设置"下拉列表→"（剖面标记）"命令。在"类型属性"对话框中，单击"复制"按钮。输入新剖面标头的名称并单击"确定"按钮。单击"剖面标头"参数的数值框，并选择刚载入的剖面标头族，单击"确定"按钮。

(6) 分段视图

剖面线只可绘制直线，但可通过"修改｜视图"上下文选项卡→"剖面"面板→"拆分线段"命令，修改直线为折线，形成阶梯剖面。

操作步骤如下：

① 在绘图区选中剖面线。

② 单击"修改 ｜ 视图"选项卡→"剖面"面板→"（拆分线段）"命令，将光标放在剖面线上的分段点处并单击。然后将光标移至要移动的拆分侧，沿着与视图方向垂直的方向移动，如图 11-32 所示。

图 11-32　拆分剖面线

③ 在绘图区单击放置分段，结果如图 11-33 所示。

注 意：

鼠标拖拽线段位置控制柄到与相邻的另一段平行线段对齐时，松开鼠标，两条线段合并成一条。

11.3.2　定义剖面图的名称

绘制剖面视图后，系统自动为剖面命名。在"项目浏览器"内"剖面"视图中，选

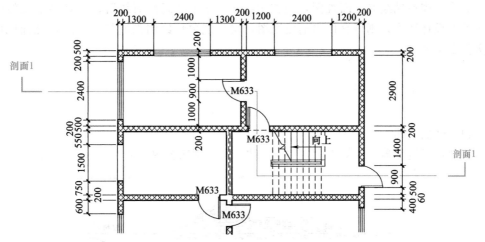

图 11-33 创建阶梯剖面

择所需的剖面，右键单击鼠标，选择"重命名"，打开"重命名视图"对话框，输入剖面名称，如图 11-34 所示。单击"确定"按钮，结束命令。

图 11-34 "重命名视图"对话框

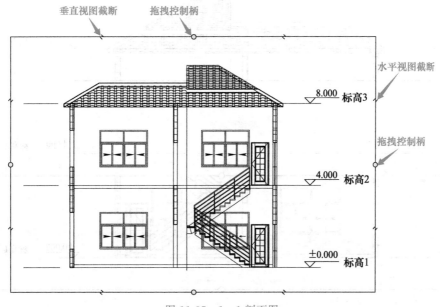

图 11-35 1—1 剖面图

二维中需单独绘制立面视图，但在 Revit 中直接绘制剖面线后，可直接生成剖面，如果达到设计要求，则可直接出剖面视图，与传统单独绘制剖面相比，Revit 剖面功能大大提高了效率。

11.3.3 编辑剖面图

(1) 剖面视图

在"项目浏览器"中双击"1—1 剖面"，打开剖面视图，如图 11-35 所示。

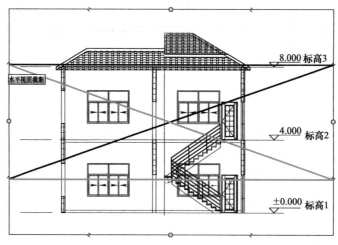

图 11-36 "水平视图截断"控件

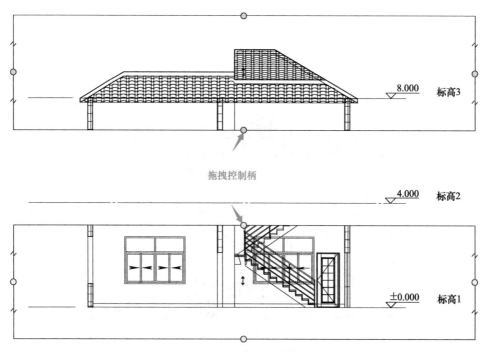

图 11-37 创建不连续剖面

① 拖拽控制柄　通过拖拽裁剪框四条边线上的拖拽控制柄，可调整裁剪框的尺寸，即调整剖面图的视图范围。

② 创建不连续剖面　移动鼠标至"水平视图截断"控件上，绘图区显示如图 11-36 所示。

在"水平视图截断"控件上单击鼠标，则 1—1 剖面被分为两个部分，如图 11-37 所示。利用拖拽控制柄可分别调整上下两部分的大小，在创建墙身详图等不连续图形时，可采用此方法。

（2）在剖面视图中标注尺寸

在剖面图中添加高度方向尺寸及标高尺寸，尺寸的标注方法详见第 2 章，结果如图 11-38 所示。

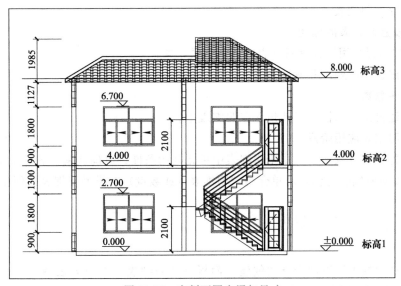

图 11-38　在剖面图中添加尺寸

11.4　创建明细表

11.4.1　明细表

明细表以表格形式显示信息，这些信息是从项目中的图元属性中提取的。明细表可以列出要编制明细表的图元类型的每个实例，或根据明细表的成组标准将多个实例压缩到一行中。

在设计过程中的任何时候都可以创建明细表。如果对项目的修改会影响明细表，明细表将自动更新。可以将明细表添加到图纸中，也可以将明细表导出到其他软件程序中，如电子表格程序。

(1) 明细表类型

Revit 可以创建以下几种类型的明细表：

① 明细表（或数量）。

② 关键字明细表。

③ 材质提取。

④ 注释明细表（或注释块）。

⑤ 修订明细表。

⑥ 视图列表。

⑦ 图纸列表。

⑧ 配电盘明细表。

⑨ 图形柱明细表。

(2) 设置明细表的格式

有多种选择可用于设置明细表的外观格式，如：

① 指定显示的顺序和属性类型。

② 创建总数。

③ 创建自定义属性，将其包含在明细表中。

④ 对明细表应用阶段。

⑤ 设置要将背景颜色应用于明细表中单元格的条件，以确认是否满足设计参数。

本章以窗明细表为例，简单介绍"明细表（或数量）"类型明细表的创建方法。

11.4.2 创建"窗明细表"

① 单击"视图"选项卡→"创建"面板→"明细表"下拉列表→"田明细表/数量"命令。打开"新建明细表"对话框，在"类别"列表中选择窗，则"名称"文本框中显示"窗明细表"，可以根据需要修改名称，如图 11-39 所示。

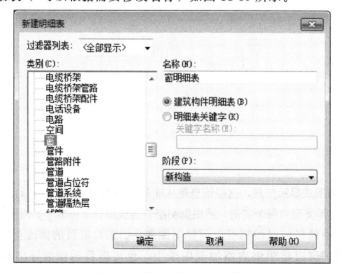

图 11-39 "新建明细表"对话框

其他参数选择：选择"建筑构件明细表"（不选"明细表关键字"），阶段指定为"新构造"。

② 单击"确定"。打开"明细表属性"对话框，设置明细表属性如图 11-40 所示。该对话框的操作方法如下：

a."字段"选项卡。高亮显示"可用的字段（V）"窗口中的参数，单击"　添加(A) -->　"按钮，可以将其移入"明细表字段（按顺序排列）(S)"窗口中。

若要从"明细表字段（按顺序排列）(S)"窗口中删除已加入的选项，在"明细表字段（按顺序排列）(S)"窗口中选中该选项，单击"　<-- 删除(R)　"按钮，将其移入"可用字段（V）"窗口中。

本例分别在"可用的字段（V）"中选择"类型标记""宽度""高度"及"合计"四个参数添加到"明细表字段（按顺序排列）(S)"窗口中，如图 11-40 所示。

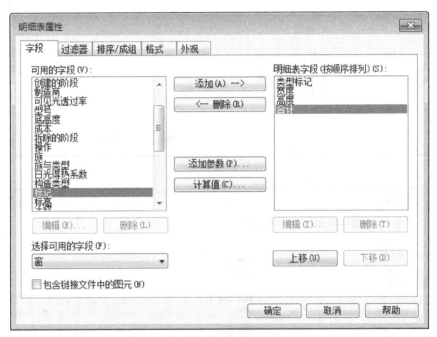

图 11-40 "明细表属性"对话框-"字段"选项卡

"明细表字段（按顺序排列）(S)"窗口列出的参数，从第一个到最后一个（从顶到底）的顺序，即为明细表标题的顺序。可以通过高亮显示某个参数，然后使用"　上移(U)　"（上移参数）"和"　下移(D)　"（下移参数）"移动其位置来重新对标题排序。

b."过滤器"选项卡。使用过滤器以仅查看明细表中的特定类型信息。在"明细表属性"对话框的"过滤器"选项卡上，创建限制明细表中数据显示的过滤器。最多可以创建四个过滤器，且所有过滤器都必须满足数据显示的条件。

可以使用明细表字段的许多类型来创建过滤器。这些类型包括文字、编号、整数、长度、面积、体积、是/否、楼层和关键字等明细表参数。如在"过滤器"选项卡中，可以选择"标高"作为过滤参数，并将其值设置为"标高 3"。则明细表仅显示位于标高 3 上的窗。

如需深入了解过滤器，按键盘上的"F1"键获取帮助。

c. "排序/成组"选项卡。"排序/成组"选项卡中主要设置排序的方式、是否将总计加入明细表中以及"总计"计算方式等，如图 11-41 所示。

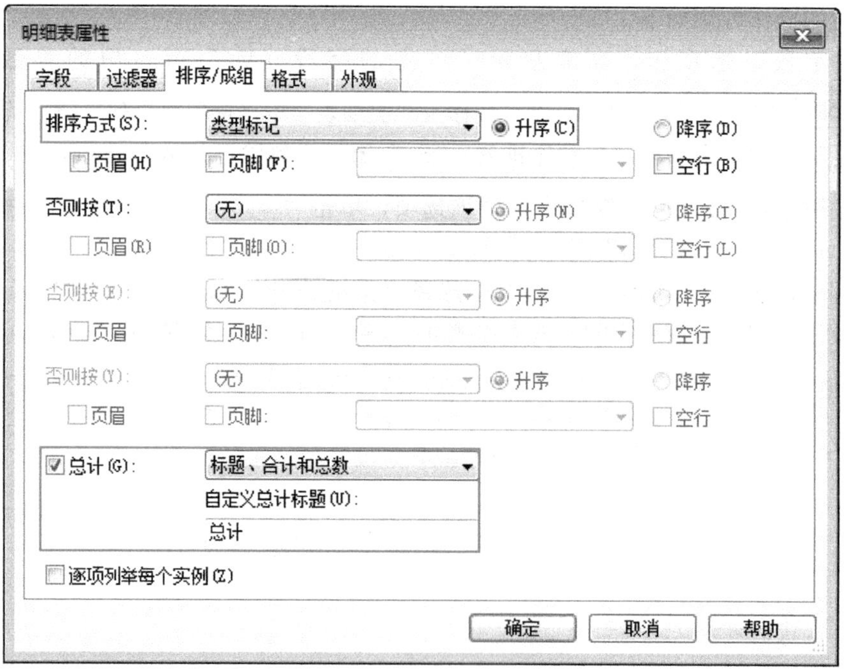

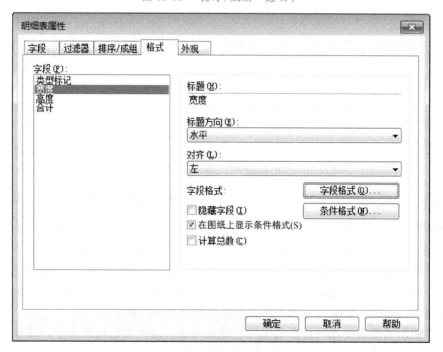

图 11-41 "排序/成组"选项卡

图 11-42 "格式"选项卡

本例选排序方式：类型标记；勾选"总计"且选择"标题、合计和总数"选项；不勾选"逐项列举每个实例选项（Z)"。

　　d. "格式"选项卡。"格式"选项卡如图 11-42 所示，主要用来设置标题方向、文字对齐方式、网格线、边界和字段格式以及是否隐藏等参数。

　　标题：在"标题"文本框中显示的字段。可以编辑每个列名。

　　标题方向：指定列标题在图纸上的方向，有"水平"和"垂直"两个选项。

　　对齐：指定文字对齐方式，有"左""中心线"和"右"三个选项。

　　字段格式：指定数值格式。此设置只能用于可计算总数的字段，如房间面积、成本、合计或房间周长。

　　隐藏字段：选择某个字段，再选择"隐藏字段"。如果要按照某个字段对明细表进行排序，但又不希望在明细表中显示该字段时，可选用此项。

　　在图纸上显示条件格式：选择某个字段，然后选择"在图纸上显示条件格式"。格式将显示在图纸中，也可以打印出来。

> **注意：**
>
> 　　在明细表视图中，可隐藏或显示任意项。要隐藏一列，应选择该列中的一个单元格，然后单击鼠标右键，从关联菜单中选择"隐藏列"。要显示所有隐藏的列，在明细表视图中单击鼠标右键，然后选择"取消隐藏全部列"。

　　e. "外观"选项卡。"外观"选项卡主要设置明细表轮廓，网格线，标题、正文的文字样式，如图 11-43 所示。

图 11-43　"外观"选项卡

网格线：勾选"网格线"则在明细表周围显示网格线，可以从列表中选择网格线样式。勾选"页眉/页脚/分隔符中的网格（R）"，则将垂直网格线延伸至页眉、页脚和分隔符。

轮廓：勾选"轮廓"则在明细表周围显示边界，可以从列表中选择线样式。将明细表添加到图纸视图中时将显示边界。如果清除该选项，但仍选中"网格线"选项，则网格线样式被用作边界样式。

数据前的空行：取消对"数据前的空行"的勾选。如勾选此项将在标题与正文之间添加空行。

显示标题：显示明细表的标题。

显示页眉：显示明细表的页眉。

标题文本：指定标题文字的字体。从"标题"文字列表中选择文字类型。

标题：指定标题文字的字体。从"页眉"文字列表中选择文字类型。如有需要，可以创建新的文字类型。

正文：指定正文文字的字体。从"正文"文字列表中选择文字类型。如有需要，可以创建新的文字类型。

f. 设置好参数，单击"确定"按钮，生成的窗明细表如图11-44所示。

<窗明细表>			
A	B	C	D
类型标记	宽度	高度	合计
C1515	1500	1500	2
C1519	2800	2400	1
C1521	2400	1800	10
C1522	2100	1800	3
总计: 16			

图 11-44　窗明细表

11.4.3　编辑明细表

(1) 添加或更改参数

① 更改参数　选择一个单元格（如：合计），然后在"修改明细表/数量"选项卡→"参数"面板中选择一个类别（如：族），如图11-45（a）所示，则"合计"列被"族"替换，结果如图11-45（b）所示。

(a) 在参数面板重新设置参数　　　　　　(b) 更改后"合计"被替换成"族"

图 11-45　更改参数

② 添加参数　单击"快速访问工具栏"→"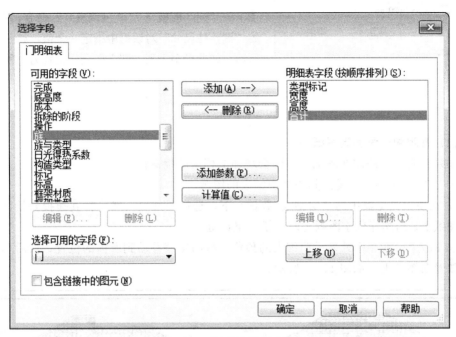（撤销）"命令，撤销上一步操作。选择一个单元格（如：合计），然后单击"修改明细表/数量"选项卡→"列"面板→"（插入）"命令，打开图 11-46 所示"选择字段"对话框，在对话框左侧选择一个可用字段（如：族），单击"　　添加(A) -->　　"按钮，可以将其移入"明细表字段（按顺序排列）(S)"窗口中。

图 11-46　"选择字段"对话框

单击"确定"按钮，修改后，明细表如图 11-47 所示。

		<窗明细表>		
A	B	C	D	E
类型标记	宽度	高度	族	合计
C1515	1500	1500	固定	2
C1519	2800	2400	组合窗-三层	1
C1521	2400	1800	组合窗-双层	10
C1522	2100	1800	组合窗-双层	3
总计: 16				

图 11-47　在明细表中添加参数

（2）删除参数

选择单元格，然后单击"修改明细表/数量"选项卡→"列"面板→"（删除列）"命令，可以删除单元格所在列的参数。

（3）隐藏和取消隐藏列

选择一个单元格或列页眉，然后单击"修改明细表/数量"选项卡→"列"面板→"（隐藏列）"命令，被隐藏的列不会显示在明细表视图或图纸中。单击"（取消隐藏所有列）"命令可显示隐藏的列。

图 11-48 "调整柱尺寸"对话框

(4) 调整列宽

选择多个单元格，单击"修改明细表/数量"选项卡→"列"面板→"┃╂┃（调整）"命令，在弹出的"调整柱尺寸"对话框中指定一个值，如图 11-48 所示。如选择多个列，则它们全部设置为一种尺寸。

11.4.4 将明细表添加到图纸中

(1) 将明细表添加到图纸中

如果将明细表添加在图纸上，则会增加文档集的信息内容。

① 在项目中，打开要向其添加明细表的图纸。

② 在项目浏览器中的"明细表/数量"下，选择明细表，然后将其拖拽到绘图区域中的图纸上。当光标位于图纸上时，松开鼠标键。

③ Revit 会在光标处显示明细表的预览。将明细表移动到所需的位置，然后单击以将其放置在图纸上，如图 11-49 所示。

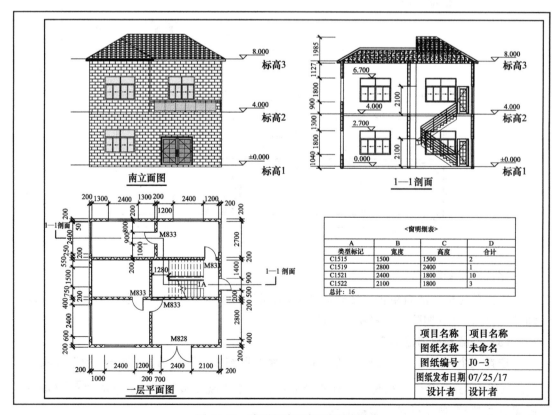

图 11-49 将明细表添加到图纸中

（2）修改图纸上的明细表

将明细表放置到图纸上之后，可以对其进行修改。在图纸视图中，在明细表上单击鼠标右键，然后单击"编辑明细表"，此时显示明细表视图，可以编辑明细表的单元，也可以在图纸上旋转明细表。

① 在项目浏览器的"明细表/数量"下，单击明细表名称。

② 在"属性"选项板上，单击"外观"对应的"编辑"。

③ 在"明细表属性"对话框的"外观"选项卡上，根据需要定义设置。

11.5 导出为"CAD"图和"JPG"图像文件

DWG（绘图）格式是 AutoCAD 和其他 CAD 应用程序所支持的格式，是工程界广泛使用的一种图形文件格式。

11.5.1 设置导出格式

单击 → "导出" → "CAD 格式" → " DWG"命令，打开图 11-50 所示"DWG 导出"对话框。

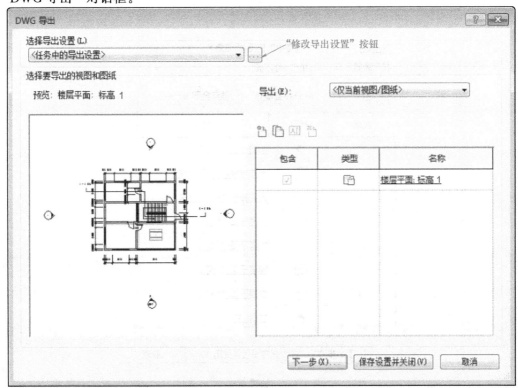

图 11-50 "DWG 导出"对话框

单击"修改导出设置"按钮，打开"修改 DWG/DXF 导出设置"对话框，在该对话框中指定 Revit 图元转换到 CAD 的方式，包括"层""线""填充图案""文字和字体""颜色""实体""单位和坐标""常规"8 个选项卡，如图 11-51 所示。用户可根据各专业的需要进行设置，如无特殊需要，则采用默认值。

单击"确定"按钮，返回至"DWG 导出"对话框。

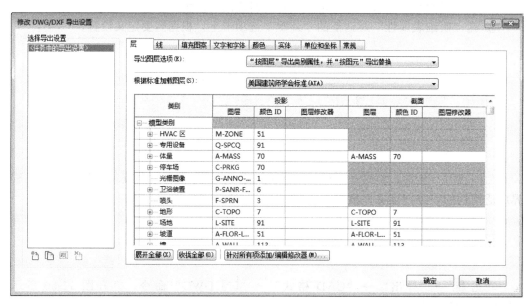

图 11-51 "修改 DWG/DXF 导出设置"对话框

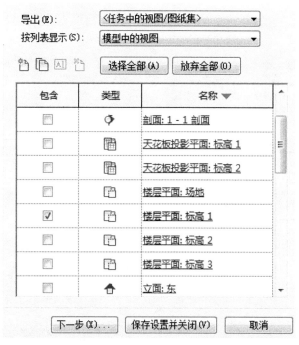

图 11-52 转换视图列表

11.5.2 导出 CAD 图形

① 在图 11-50 对话框右上角的"导出（E）"项中选择要导出的视图和图纸，单击其文本下拉列表箭头，有两个选项，"＜仅当前视图/图纸＞"和"＜任务中的视图/图纸集＞"。

仅当前视图/图纸：导出单个视图或图纸。

任务中的视图/图纸集：导出多个视图和图纸。

当选择"＜任务中的视图/图纸集＞"选项后，在"按列表显示（S）"后面选择"模型中的视图"，在其下方列表显示当前项目中的所有视图，如图 11-52 所示。

② 保存 CAD 选项设置　在图 11-52 所示的列表中勾选需要导出的视图（可同时勾选多个），然后单击"下一步（X）..."按钮，打开"导出 CAD 格式-保存到目标文件夹"对话框，如图 11-53 所示。

图 11-53　"导出 CAD 格式-保存到目标文件夹"对话框

a. 首先选择存储 CAD 文件的目标文件夹。

b. "导出 CAD 格式-保存到目标文件夹"对话框中显示的字段如下。

文件名/前缀（N）：在导出单个文件时，可自定义文件名，如"首层平面图"。

文件类型（T）：指定导出 CAD 文件的版本（2000、2004、2010、2013）。

命名（M）：用于导出多个文件时，有两个选项，"自动-长（指定前缀）"和"自动-短"。

"自动－长（指定前缀）"：在"文件名/前缀"文本框中手动指定一个前缀，或者使用默认前缀"项目名称-视图类型-视图名称"（ Revit 图纸/视图）。

"自动－短"：Revit 可以自动确定名称并为当前视图或多个视图和图纸的文件名添加前缀。文件名格式为"图纸名称"（Revit 图纸）或者"视图类型-视图名称"（ Revit 视图）。

本例采用默认值"自动－长（指定前缀）"。

c. "将图纸上的视图和链接作为外部参照导出（X）"复选框，若希望图纸上的视图中的链接文件导出为单个文件，而不是多个彼此参照的文件，则取消勾选。

d. 单击"确定"按钮，完成操作。

11.5.3 导出 JPG 图像

可以将视图或图纸导出为图像文件，Revit 支持图像文件类型有：BMP、JPEG、JPG、PNG 和 TIFF。

单击 ![R] →"导出"→"图像和动画"→ "![icon] 图像"命令，打开图 11-54 所示"导出图像"对话框。可在该对话框中对导出图像的范围、尺寸、格式进行设置，然后单击"确定"按钮，将此文件存储在项目之外指定的位置中。

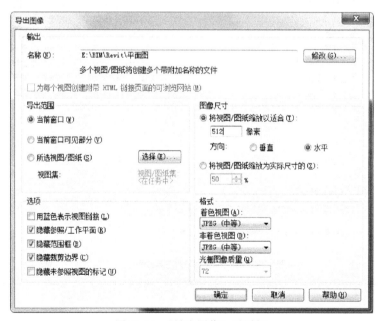

图 11-54 "导出图像"对话框

① 在"名称"编辑框中定位存储文件的位置并指定文件名称。

② 设置图像分辨率，确定图像大小。

③ 选择文件类型。

注：要使 alpha 通道保持透明度，请使用 PNG 或 TIFF 文件格式。如果计划在 Adobe® Photoshop® 中使用导出的图像，请导出为 TIFF 以获得最佳效果。

附　　录

附录 1 工程实例

工程实例（1）

根据给出的图纸，按要求构建建筑物的模型。
具体要求如下。

1. 按照给出的平、立、剖面图，绘制标高及轴网，并标注尺寸。

2. 创建建筑主体部分，包括墙、楼板、楼顶。按照轴线创建墙体模型，其中内墙厚度为240mm，外墙厚度均为370mm，材质为"混凝土砌块"。楼板厚为120mm，材质为"现浇钢筋混凝土"。对房屋不同部位墙附着材质，±0.000以上为灰色瓷砖。屋顶为150mm厚坡屋面，材质不限，±0.000以下外墙为灰色石材勒脚，材质附着墙附着材质，坡度为30°。

3. 创建门窗类型可自定义，可载入窗类型自定义，也可利用内建模型自己创建。

4. 创建室内、外楼梯及露台栏杆，栏杆扶手样式自选。

5. 建立A1尺寸的图纸，将模型的一层平面图、南立面图、1—1剖面图以及门明细表、窗明细表分别插入至图纸中。输出DWG格式和JPG格式的文件，文件名为"平、立、剖面图、门明细表、窗明细表见附表1-1和附表1-2。

附表 1-1 窗明细表

单位：mm

编号	宽度	高度	数量
C-1	3000	1500	3
C-2	1800	1500	12
C-3	1500	1500	1
C-4	1200	1500	1

附表 1-2 门明细表

单位：mm

编号	宽度	高度	数量
M-1	2100	2400	1
M-2	900	2000	11
M-3	800	2000	3

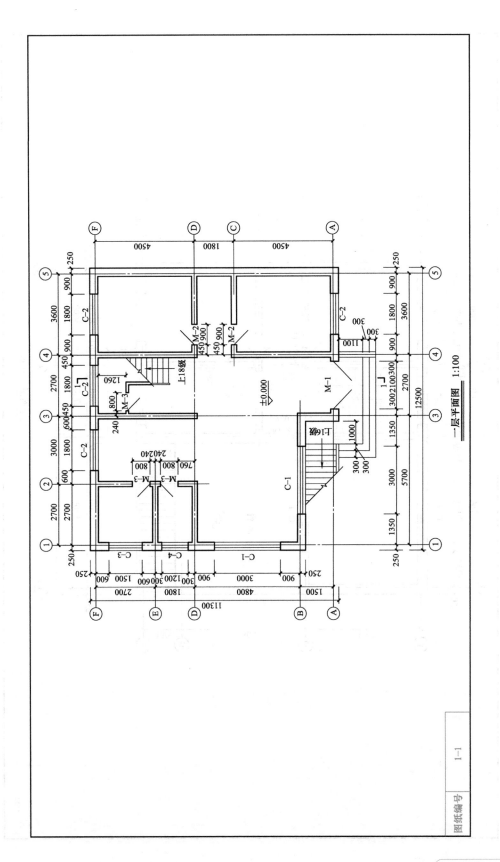

一层平面图 1:100

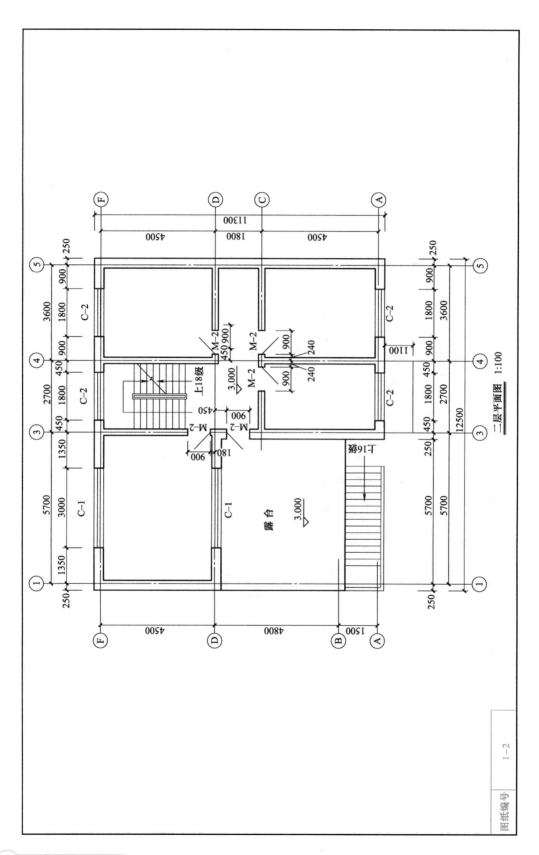

二层平面图 1:100

图纸编号　1-2

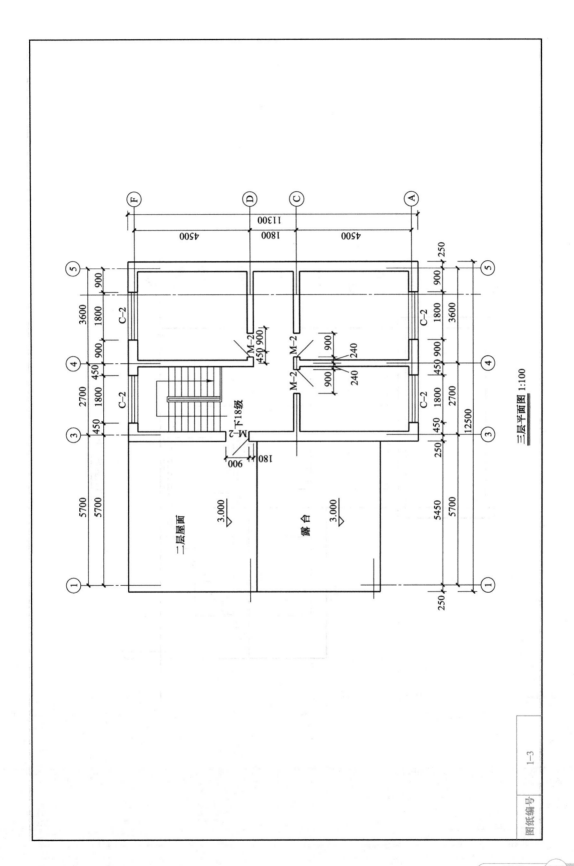

三层平面图 1:100

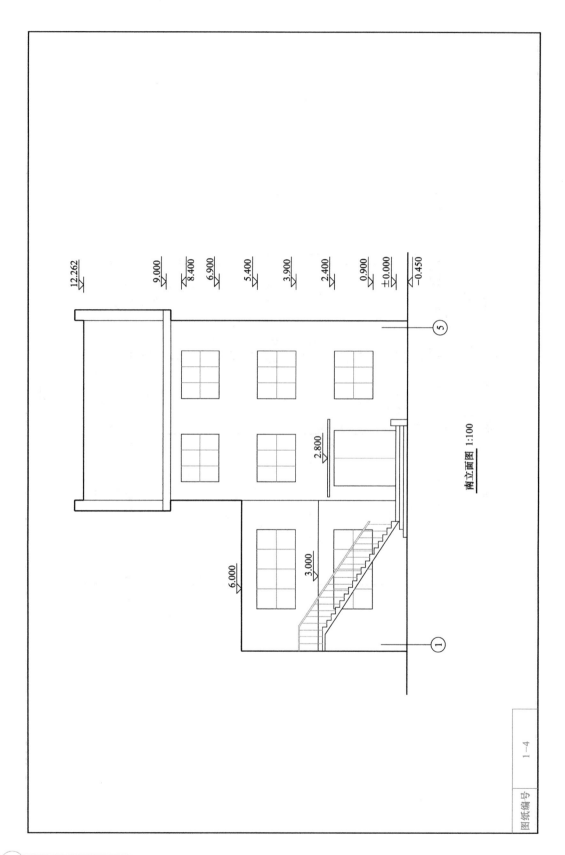

南立面图 1:100

图纸编号 1-4

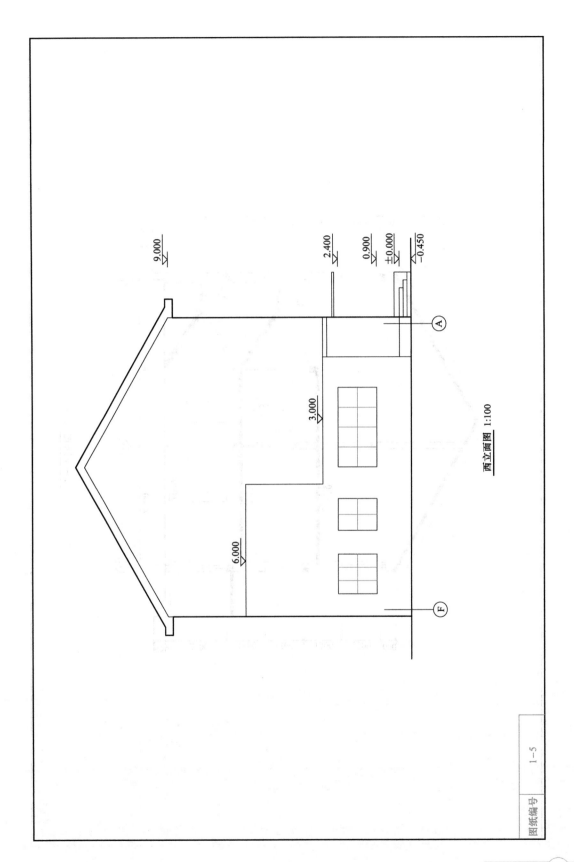

西立面图 1:100

9.000

2.400

0.900

±0.000

−0.450

3.000

6.000

Ⓐ

Ⓕ

图纸编号

1−5

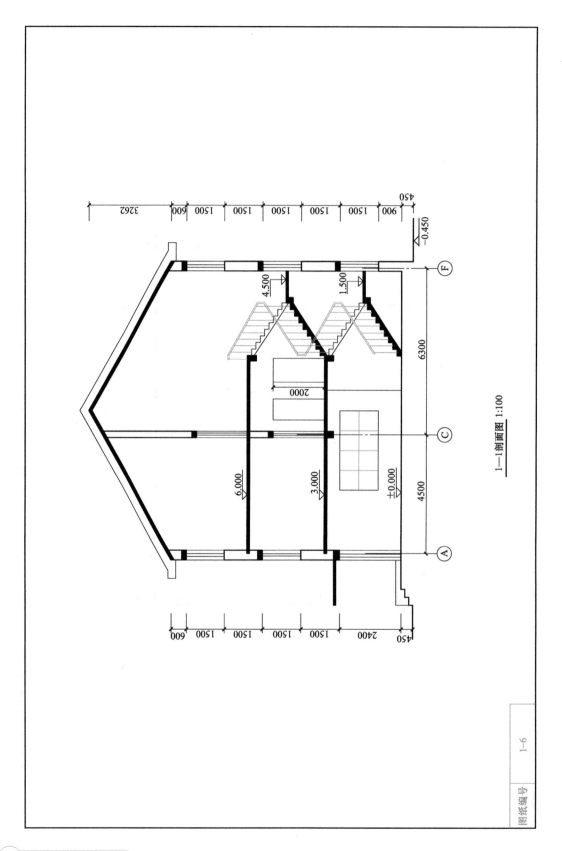

1—1剖面图 1:100

图纸编号   1-6

工程实例（2）

根据给出的图纸，按要求创建建筑物的模型。

具体要求如下。

1. 按照给出的平、立面图，创建建筑构件，包括墙、柱、楼板、屋顶、门、窗、楼梯、台阶。其中门窗仅要求位置与尺寸正确，类型不限。详细要求见附表 1-3。

附表 1-3 建筑构件的详细要求

单位：mm

建筑结构		要 求	建筑结构	要 求
墙	外墙	5 厚外墙饰砖 5 厚玻璃纤维布 20 厚聚氯乙烯保温板 10 厚水泥砂浆 200 厚水泥空心砌块 10 厚水泥砂浆	屋顶	38 厚瓦片-筒瓦 20 厚沥青 10 厚水泥砂浆 132 厚混凝土
	内墙	10 厚水泥砂浆 200 厚水泥空心砌块 10 厚水泥砂浆	楼板	类型： 常规 150
栏杆扶手		类型： 玻璃嵌板-底部填充		

2. 根据给出的尺寸，在平面图中标记门窗类型。

3. 按建筑图纸要求，在平、立、剖面图上标注尺寸。

4. 创建门窗明细表。要求包含类型、宽度、高度以及合计字段。

5. 建立 A1 幅面图纸，创建并放置首层平面图、南立面图、1—1 剖面图。

6. 分别将首层平面图、南立面图、1—1 剖面图导出为 AutoCAD（DWG）文件。

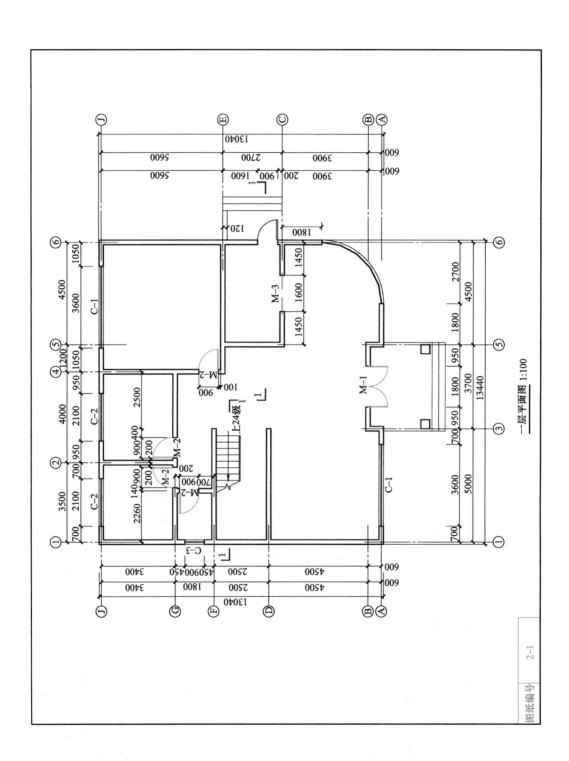

一层平面图 1:100

| 图纸编号 | 2-1 |

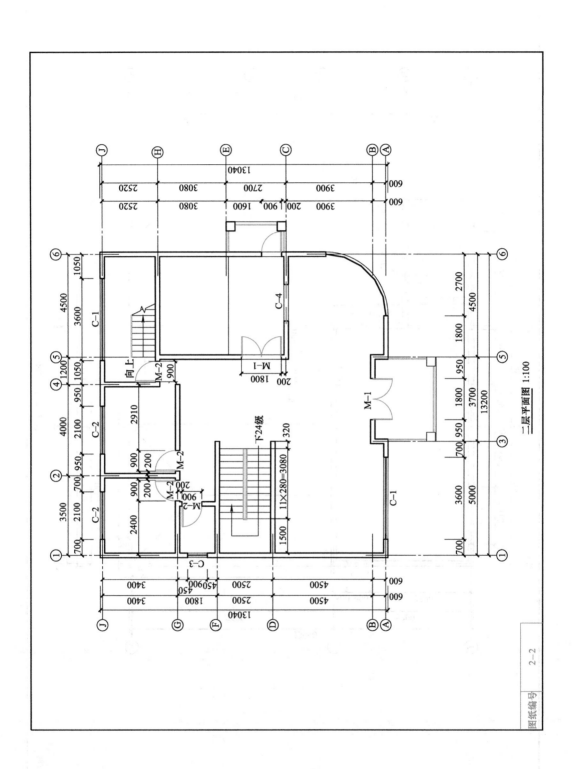

二层平面图 1:100

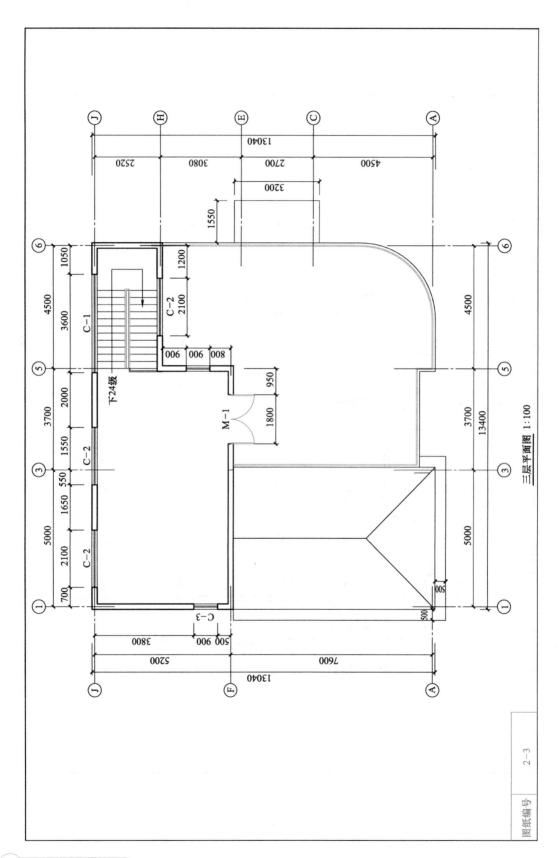

三层平面图 1:100

图纸编号	2-3

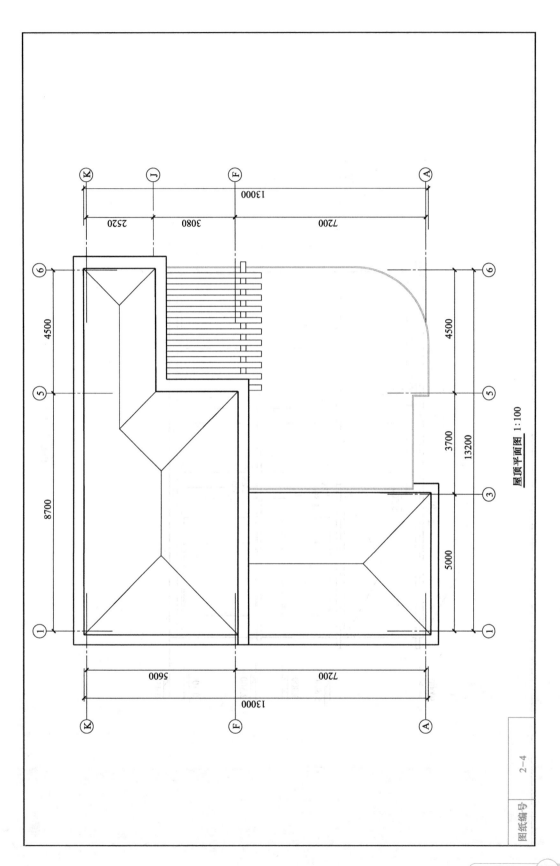

屋顶平面图 1:100

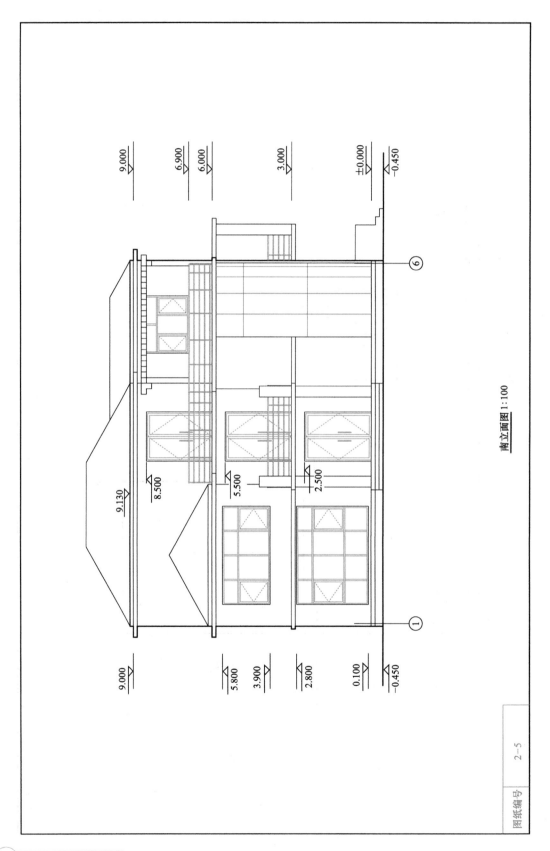

南立面图 1:100

图纸编号　2-5

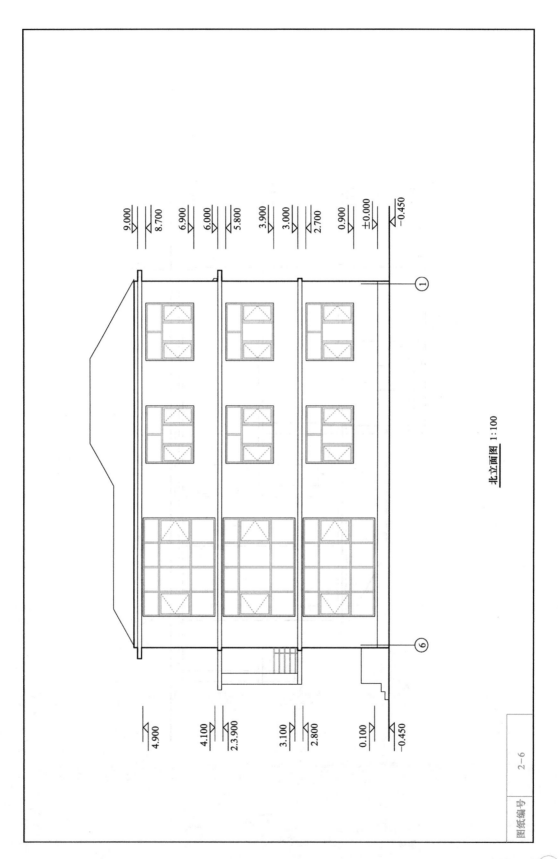

北立面图 1:100

9.000
8.700
6.900
6.000
5.800
3.900
3.000
2.700
0.900
±0.000
−0.450

4.900
4.100
2.3.900
3.100
2.800
0.100
−0.450

① ⑥

图纸编号 | 2-6

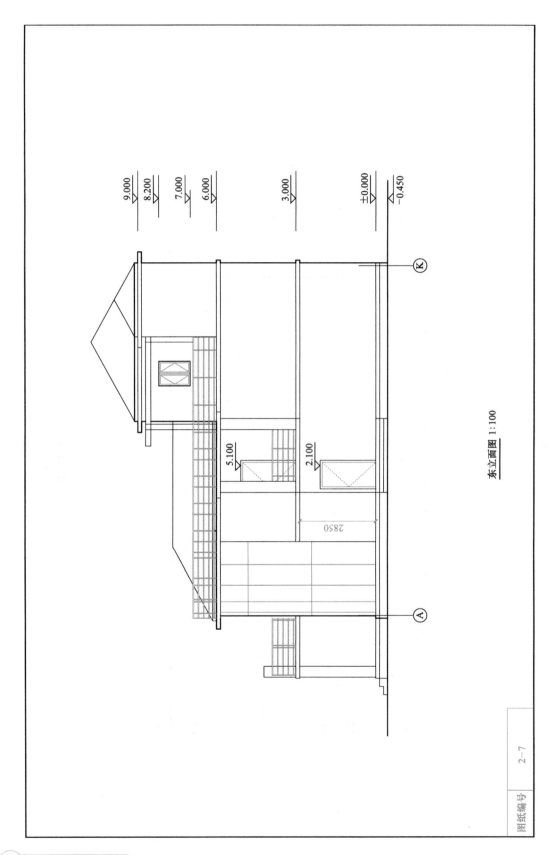

东立面图 1:100

| 图纸编号 | 2-7 |

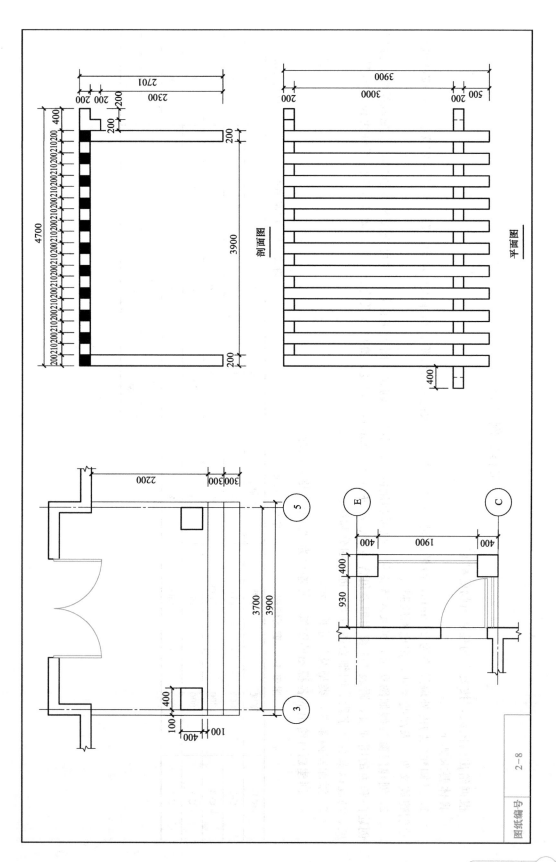

剖面图

平面图

工程实例（3）

根据给出的图纸，按要求构建建筑物的模型。
具体要求如下。

1. 已知建筑物内外墙厚均为240mm，沿轴线居中布置。楼梯、大门入口台阶、车库入口坡道、阳台样式自定义。栏杆按图纸尺寸创建族文件（未注明尺寸，按比例绘制）。

2. 创建门窗类型如图所示，可载入族文件，也可利用内建模型自己创建。图中未标注尺寸可查阅相关资料，按规范绘制。分别创建门和窗的明细表，附表1-4窗明细表、附表1-5门明细表包含类型、宽度、高度以及合计字段；窗明细表按照类型、宽度、高度以及合计字段；窗明细表按照类型进行划分和统计。

3. 添加室内家具、类型及尺寸按图示。

4. 创建题目给出的各视图的图纸，并输出为"JPG"格式图片。

附表1-4 窗明细表

单位：mm

编号	宽度	高度	数量
C-1	2000	1800	9
C-2	1200	4800	6
C-3	1000	1500	4
C-4	2800	1800	2

附表1-5 门明细表

单位：mm

编号	宽度	高度	数量
M-1	1800	2400	2
M-2	900	2100	1
M-3	800	2100	4
M-4	800	2000	9
M-5	700	2000	1
MC-1	2400	3000	1

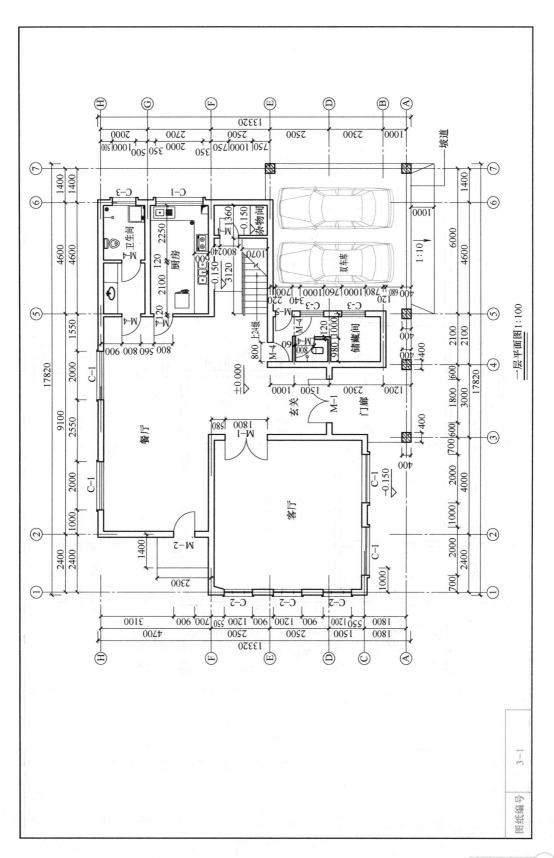

一层平面图1:100

图纸编号 3-1

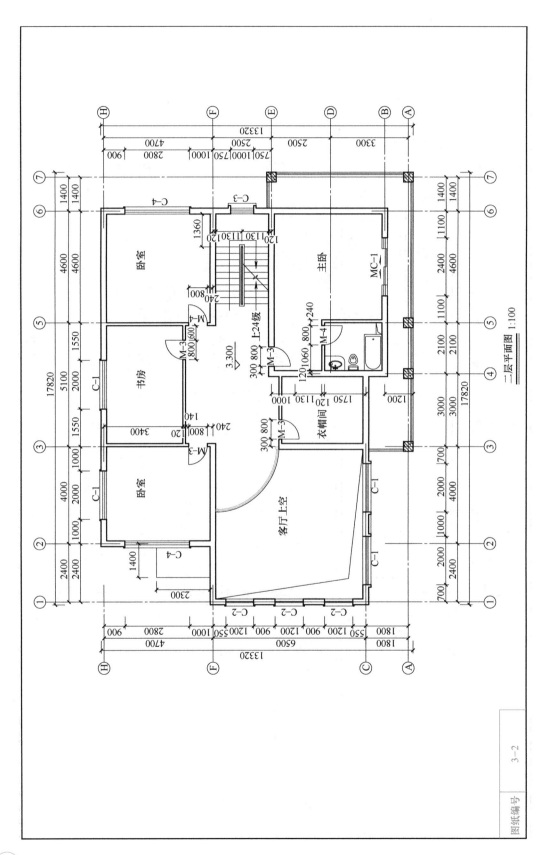

二层平面图 1:100

图纸编号　3-2

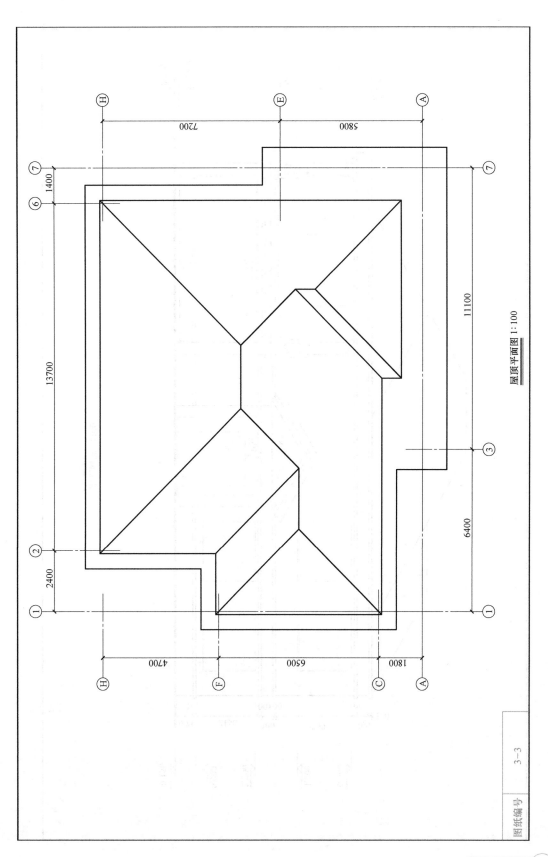

屋顶平面图 1:100

| 图纸编号 | 3-3 |

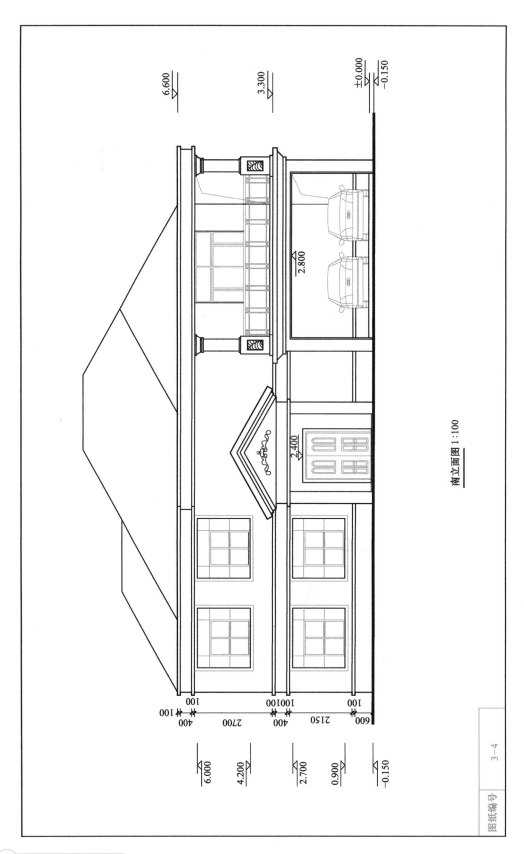

南立面图 1:100

图纸编号　3-4

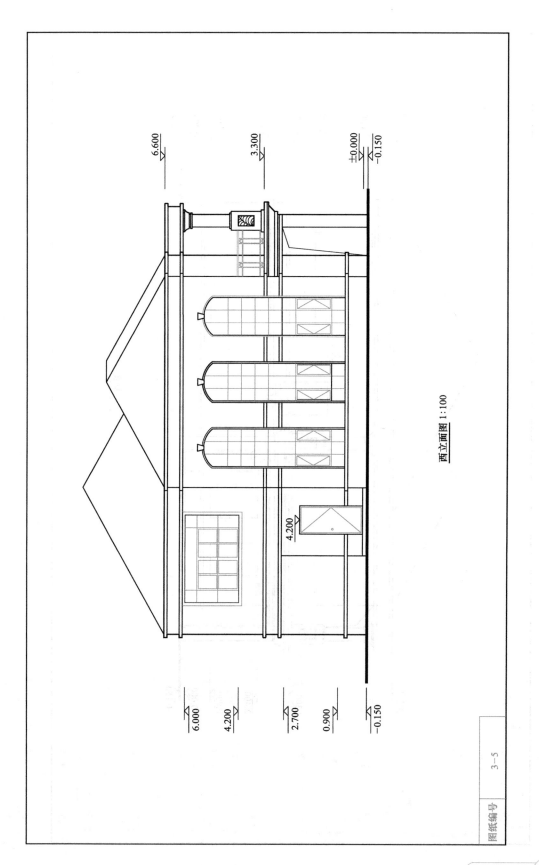

西立面图 1:100

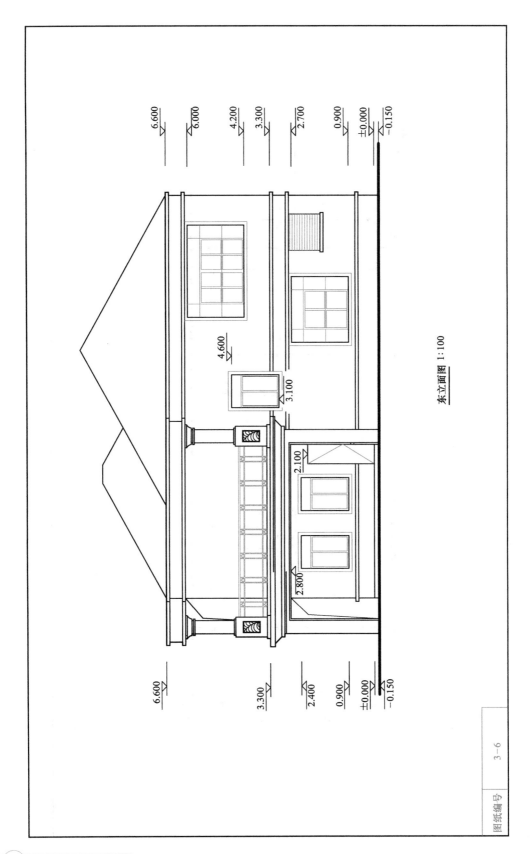

东立面图 1:100

6.600
6.000
4.200
3.300
2.700
0.900
±0.000
−0.150

4.600

3.100

2.100

2.800

6.600

3.300

2.400

0.900

±0.000
−0.150

附录 2　Revit 常用快捷键

建筑选项卡

WA 建造墙壁

DR 建造门

WN 建造窗

CM 放置构件

LI 线条建模（三维可视）

GP 从选定对象中创建组

LL 定义标高

GR 定义网格线

RM 定义房间

RT 为房间添加标记

SW 设置工作面网格

RP 定义参照面

注释选项卡

DI 放置对齐标注

EL 放置高程点标注

DL 添加线条细节（二维视图特有）

RG 定义二维重复详细字符串

TX 定义文本

F7 文本拼写检查 注释选项卡

TG 按照类别放置标记

修改选项卡

MD 或 Esc-Esc 修改

MA 类型信息匹配

AL 对齐对象

TR 修剪对象

SL 分割对象

OF 线或墙壁偏移

MV 移动

CO 复制

RO 旋转

MM 镜像拾取轴

DM 镜像绘制轴

AR 阵列

RE 缩放

UP 解锁

PN 锁定

DE 删除

GP 创建组

CS 创建类似

协作选项卡

RL 或 RW 从中心模型中重新加载最新变更

RQ 取消所有工作集/借用图元

ER 查看未完成的编辑请求

视图选项卡

FR 查找/替换

CV 从当前视图中创建视图模板　圆形软风管

VV 或 VG 可见性/图形替换控制对话框

TL 切换细线/所见即所得

3D 打开或创建默认三维视图

RR 渲染

RC cloud 渲染

RG 渲染库

WC 层叠显示当前打开的视图

WT 平铺显示当前打开的视图

管理选项卡

SU 光照和阴影设置

MA 匹配类型属性

UN 更改项目设置　项目单位

关联选项卡

PP 图元属性

MV 移动选定图元

CO 或 CC 复制选定图元

RO 旋转选定图元

MI 映射选定图元

AR 阵列选定图元

DE 删除选定图元

AP 向编辑组中添加图元

AD 向编辑组中添加二维详图

GP 显示编辑组属性

FG 完成对当前组的编辑

CG 取消对当前组的编辑

CR 在选定组中创建相似对象

EH 隐藏此视图中的图元

VH 隐藏此视图中的图元种类   // 分割曲面

EG 编辑选定组

UG 取消选定组

LG 将选定组转换为链接的项目

EW 编辑尺寸界线

EU 将隐藏图元取消隐藏

VU 将隐藏类别取消隐藏

EX 从此组中删除选定项

RB 从此组中恢复选定项

MP 将组中的选定图元移动到项目中

视图控制栏

WF 在线框中显示模型

HL 显示模型的隐藏线

SD 显示模型的边缘着色

GD 调用图形显示选项对话框

RN 调用渲染对话框

IC 临时隔离图元种类

HC 临时隐藏图元种类

HI 临时隔离图元

HH 临时隐藏图元

HR 重置所有临时隐藏/隔离

RH 切换显示隐藏图元模式

导航栏

ZZ 或 ZR 放大地区

ZO 或 ZV 缩小（x2）

ZX，ZE 或 XF 缩放到适当范围

ZA 将所有当前窗口缩放到适当范围

ZS 缩放纸张规格

ZC 或 ZP 恢复先前缩放/平移

捕捉覆盖

SI 捕捉交叉点
SE 捕捉端点
SM 捕捉中心点
SC 捕捉中心
SN 捕捉最近位置
SP 捕捉垂线
SG 捕捉切线
SW 捕捉工作面网格
SQ 捕捉象限点
SZ 关闭
SO 关闭捕捉

通用

Ctrl　O 打开项目、族或其他 Revit 文件
QR 创建一个新项目
NN 创建一个新族
Ctrl　P 打印/出图
GB 将模型导出到 gbXML 以进行能效评估
Ctrl F4 关闭文件
Ctrl　S 或 QA 保存
Ctrl　Z 撤销先前命令
Ctrl　Y 重复执行命令
SA 选择所有相似实例
F1 或 Shift-F1　帮助
KS 快捷键

参 考 文 献

［1］ 李恒，孔娟. Revit 2015 中文版基础教程. 北京：清华大学出版社，2015.

［2］ 李鑫. Revit 2016 完全自学教程. 北京：人民邮电出版社，2016.

［3］ 王婷. 全国 BIM 技能培训教程-Revit 初级. 北京：中国电力出版社，2015.